"十四五"新工科应用型教材建设项目成果

21世纪 技能创新型人才培养系列教材
机械设计制造系列

CAD/CAM应用技术

主　编◎李绍红　张　健

副主编◎王炜罡　邱瑞杰　曹志宏　肖　冰　杨永修

参　编◎张　浩　周显强　吕　迪　吴庆玲　刘圳波

主　审◎颜丹丹　张　洋

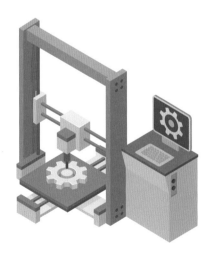

中国人民大学出版社
·北京·

图书在版编目（CIP）数据

CAD/CAM 应用技术 / 李绍红，张健主编. -- 北京：
中国人民大学出版社，2022.7
21 世纪技能创新型人才培养系列教材. 机械设计制造
系列
ISBN 978-7-300-30825-8

Ⅰ. ① C… Ⅱ. ①李… ②张… Ⅲ. ①机械设计－计算
机辅助设计－教材②机械制造－计算机辅助制造－教材
Ⅳ. ① TH122 ② TH164

中国版本图书馆 CIP 数据核字（2022）第 133295 号

"十四五"新工科应用型教材建设项目成果
21 世纪技能创新型人才培养系列教材·机械设计制造系列
CAD/CAM 应用技术
主　编　李绍红　张　健
副主编　王炜罡　邱瑞杰　曹志宏　肖　冰　杨永修
参　编　张　浩　周显强　吕　迪　吴庆玲　刘圳波
主　审　颜丹丹　张　洋
CAD/CAM Yingyong Jishu

出版发行	中国人民大学出版社		
社　　址	北京中关村大街 31 号	邮政编码	100080
电　　话	010 - 62511242（总编室）	010 - 62511770（质管部）	
	010 - 82501766（邮购部）	010 - 62514148（门市部）	
	010 - 62515195（发行公司）	010 - 62515275（盗版举报）	
网　　址	http://www.crup.com.cn		
经　　销	新华书店		
印　　刷	北京昌联印刷有限公司		
规　　格	185 mm×260 mm　16 开本	版　　次	2022 年 7 月第 1 版
印　　张	16	印　　次	2022 年 7 月第 1 次印刷
字　　数	315 000	定　　价	59.00 元

为适应新的产业变革和科技革命，国务院印发了"中国制造2025"行动纲领，部署全面推进实施制造强国的战略。智能制造装备产业方面，我国已初步形成七大产业集聚区，关键基础零部件及通用部件、智能专用装备产业主要分布在长三角、珠三角、东北等地区。可见，高端数控技术发展前景广阔，作为高端数控加工技术的代表——多轴加工技术发展尤其迅猛，相关技术人才日趋紧张。编者根据多年的教学经验和企业工作经历编写了此书，旨在培养高技能人才，助力产业发展。

本书包含两篇，共13个学习任务。第一篇为CAD建模篇，包含5个建模任务，主要讲解零件实体建模和曲面建模方法。第二篇为CAM加工篇，包含三大模块，模块中的任务载体模型大部分来自CAD建模篇。模块1包含3个任务，以造型简单但有代表性的文房四宝为任务载体，采用工艺倒推的方式分析零件，利用CAM软件进行数控编程。模块2包含3个任务，在模块1的基础上加深难度，仍采用工艺倒推的方式分析零件，建立工艺方案，进行数控编程。模块3包含2个任务，任务来自企业真实产品和全国职业院校技能大赛高职组"复杂部件数控多轴联动加工技术"赛项赛题，主要讲解四轴零件的工艺方案和编程方法。书中每个任务均配有教学视频，可以通过扫描二维码直接观看，也可以登录超星学习通输入邀请码（15759752）或登录网址（https://mooc1-1.chaoxing.com/course/218426776.html）观看课程全部内容。

本书编写分工如下：李绍红编写了CAM加工篇中的模块1的任务3、模块2的任务1、模块3的任务2；张健编写了CAD建模篇中的任务2、任务5，CAM加工篇中的模块2的任务3；王炜罡编写了CAM加工篇中的模块1的任务2；曹志宏、肖冰、吕迪编写了CAM加工篇中的模块1的任务1；邱瑞杰编写了CAD建模篇中的任务3、任务4，CAM加工篇中的模块2的任务2；张浩、吴庆玲编写了CAD建模篇中的任务1；杨永修、周显强、刘圳波编写了CAM加工篇中的模块3的任务1；颜丹丹、张洋编写了课后习题。

感谢长春汽车工业高等专科学校领导对本书编写给予的大力支持和指导，感谢吉林科技职业技术学院邱瑞杰老师、吉林交通职业技术学院吴庆玲老师、吉林城市职业技术学院刘圳波老师、中国第一汽车集团有限公司杨永修对本书编写给予的支持与帮助！

由于时间仓促加之编者水平有限，书中难免存在欠妥之处，恳请广大读者批评指正。

编者

CONTENTS 目 录

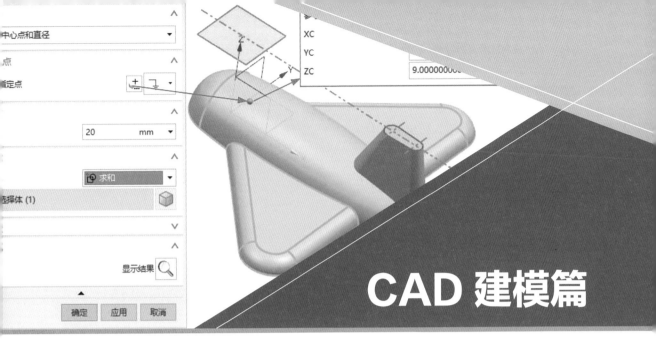

CAD 建模篇

导读

每一件新产品的问世都离不开前期的造型设计工作，造型设计的基础是零件建模，而零件建模是在产品基本特征的基础上经由后期编辑完成的。本篇主要以零件实体建模、曲面建模为出发点，将拉伸、回转、直纹、网格曲面、有界平面、自由曲面等建模要素融入具体任务，以理实结合的形式进行讲解。本篇所有模型的成品将作为 CAM 加工篇的素材。

本篇包含以下 5 个任务：

任务 1　拉伸特征——镇尺建模

任务 2　回转特征——铣刀体建模

任务 3　实体综合特征——飞机建模

任务 4　直纹特征——蛋挞托凹模建模

任务 5　网格曲面特征——砚台建模

学习目标

1. 掌握拉伸特征的建模方法。

2. 掌握回转特征的建模方法。

3. 掌握直纹曲面、有界平面特征的建模方法。

4. 掌握网格曲面特征的建模方法。

5. 掌握综合特征模型的建模方法。

素养目标

1. 了解我国具有悠久历史和文化底蕴的文房四宝，弘扬中国传统文化。

2. 通过学习铣刀体建模、飞机建模、蛋挞托凹模建模，体会匠人精益求精的工作作风；在借助正弦公式设计蛋挞托模型的过程中，认识到实践是检验理论的唯一标准。

任务1 | 拉伸特征——镇尺建模

任务描述

根据附件"镇尺"图纸，分析镇尺图纸中包含的几何体素。利用 UG NX 10.0（以下简称 UG）软件中的建模模块绘制出镇尺的三维模型，为后续的 CAM 加工部分提供素材。

任务目标

☆掌握草图直线、样条曲线、曲线文本命令的使用方法。

☆掌握实体建模中拉伸命令的使用方法。

☆会运用草图直线、样条曲线、曲线文本命令进行二维草图的绘制。

☆能运用拉伸特征进行零件造型。

知识学习

知识点：

★草图绘制的相关命令　★文本命令　★拉伸特征

1 草图绘制的相关命令

（1）草图绘制的相关命令及作用见表 1-1。

（2）曲线文本命令。曲线文本的创建方式有两种：一种是通过【文本】命令创建；另一种是通过制图模块下的【注释】命令创建。具体含义见表 1-2。

表 1-1 草图绘制的相关命令及作用

命令	工具图标	作用
直线	/	通过两点创建直线
轮廓线	↳ ↰	创建首尾相连的直线或圆弧
矩形	▭	通过两对角点创建矩形
	▱	通过中心点、宽度和角度、高度创建矩形
	▱	通过起点、宽度和角度、高度创建矩形
快速修剪	✕	以任一方向将曲线修剪至最近的交点或选定的边界
艺术样条	⌁	通过点或极点创建样条曲线

表 1-2 文本命令

命令	工具图标	作用
文本	**A**	通过读取文本字符串生成字符轮廓的几何体素来创建文本
注释	**A**	创建注释文本

这里采用【文本】命令创建，选择【插入】—【曲线】—【文本】菜单命令，弹出【文本】对话框，如图 1-1 所示。

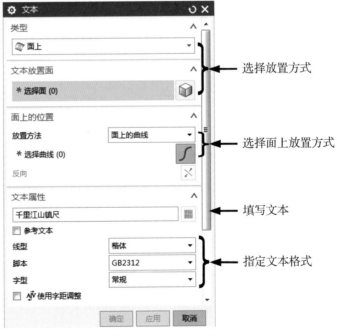

图 1-1 【文本】对话框

（3）草图尺寸约束。

1）尺寸约束类型。尺寸约束的作用是限制草图内几何图素的形状、大小和位置，可以通过修改尺寸值驱动几何图素的形状和位置等发生变化。选择【插入】—【尺寸】—【快速尺寸】菜单命令，弹出【快速尺寸】对话框，如图1-2所示。UG草图对尺寸标注做了比较大的调整，所有尺寸形式都可以在【快速尺寸】对话框中通过改变"方法"下拉列表选项进行标注。具体标注方式见表1-3。

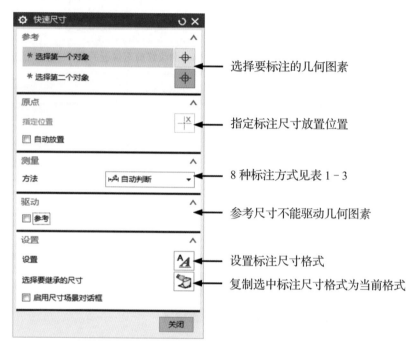

图 1-2 【快速尺寸】对话框

表 1-3 标注方式

命令	工具图标	作用
自动判断		根据选定对象自动判断尺寸类型，创建尺寸约束
线性标注		标注两个对象或点之间的长度或距离
竖直标注		标注两个对象或点之间的竖直长度或距离
平行标注		标注两个点之间的平行距离
直径标注		标注圆或圆弧直径
半径标注		标注圆或圆弧半径
角度标注		标注两个不平行线之间的角度
周长标注		标注直线或圆弧周长

2）尺寸编辑。草图中的尺寸编辑比较简单，可以在选择要编辑的尺寸后选择右上角的［编辑尺寸］工具按钮，也可以直接双击要编辑的尺寸，在系统弹出的对话框中修改尺寸。

2　拉伸特征

拉伸特征就是截面线串沿指定方向运动所形成的特征。单击"特征"工具栏的【拉伸】🛢工具按钮或选择【插入】—【设计特征】—【拉伸】菜单命令，弹出【拉伸】对话框，如图 1-3 所示。

选择截面曲线

指定拉伸方向

给定开始、结束位置方式及数值

选择布尔方式

给定拔模角度

选择偏置方式

选择创建类型

图 1-3　【拉伸】对话框

学习札记

任务实施

1　零件图样分析

分析图纸，镇尺主要由 3 个部分构成，包括底部的长方体、上部的山型特征以及镇尺上面的文字。底部长方体、上部山型特征由【拉伸】命令创建，文字由【文本】命令创建。

② 建模顺序（表1-4）

表1-4 建模顺序

序号	名称	图示
1	拉伸底部长方体	
2	拉伸山型特征	
3	创建文本	

③ 建模步骤

二维码

镇尺建模步骤

（1）新建文件。要求文件名为镇尺 .prt，单位为毫米，模板为模型，文件存储位置为 D:\。

（2）创建"SKETCH_000"。草图平面为 X-Y 平面，草图水平参考选择 X 轴正向。绘制一个矩形，具体尺寸如图1-4所示。

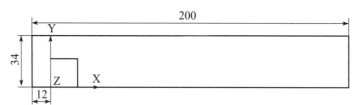

图1-4 长方形草图尺寸

绘制方法有以下3种：

第一种，使用【直线】命令，用直线围成一个矩形。单击【直线】命令，给定起点坐标为（-12，0）、终点坐标为（188，0），以此类推，每次绘制直线必须给出两个点的坐标。

第二种，使用【轮廓线】命令，也是用直线围成一个矩形，采用尺寸约束将矩形约束到图中位置。单击【轮廓线】命令，任意绘制一个矩形。约束宽度尺寸200mm，高度尺寸34mm。左下角点距离 X 轴 -12mm、距离 Y 轴 0mm。

第三种，使用【矩形】命令，直接创建矩形。单击【矩形】命令，选择两点式创建方式，给定左下角点的坐标（-12，0）、右上角点的坐标（188，34）。

（3）使用【拉伸】命令创建底部长方体，要求如下：

- 拉伸截面："草图（1）SKETCH_000"。

- 拉伸方向：-ZC 轴。

● 拉伸高度："开始"选项选择"值","距离"输入"0mm";"结束"选项选择"值",距离输入"22mm"。

拉伸完毕后隐藏"草图（1）SKETCH_000",效果如图1-5所示。

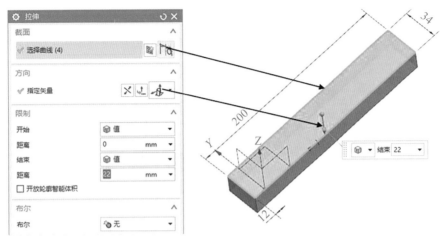

图1-5　拉伸长方体

（4）创建"SKETCH_001"。草图平面为 *XY* 平面。根据如图1-6所示的山型尺寸构建草图。选择【插入】—【曲线】—【艺术样条】菜单命令,"类型"选择"根据极点进行创建",按照如图1-7所示的14点极点坐标依次输入。

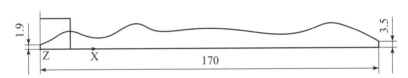

图1-6　山型尺寸

样条坐标	X	Y	Z
1	−0.211	1.861	0
2	5.988	4.742	2.8
3	17.433	12.338	0.086 8
4	13.491	6.246	2.207
5	51.888	−8.612	2.8
6	33.894	30.617	0.078 2
7	63.754	14.244	0
8	69.134	8.612	2.8
9	80.428	7.052	2.8
10	92.693	18.031	0
11	123.66	−10.33	0
12	128.77	27.607	0.166 6
13	159.3	9.985	0.617
14	169.28	7.931	0

图1-7　山型样条极点坐标

使用【直线】命令创建 170mm、3.5mm、1.9mm 直线。

（5）创建山型特征，要求如下：

● 截面：曲线"草图（1）SKETCH_000"。

● 拉伸方向：+ZC 轴。

● 拉伸方式："开始"选项选择"值"，"距离"输入"0mm"；"结束"选项选择"值"，距离输入"2.8mm"。

● 布尔运算方式：求和。

拉伸完毕后隐藏"草图（1）SKETCH_000"，效果如图 1-8 所示。

图 1-8 拉伸山型

（6）创建文本，要求如下：

转换至制图模块，选择【插入】—【注释】—【注释】菜单命令。具体要求如下：

● 原点：平面上。　　　　　● 文本：千里江山镇尺。

● 字体：楷体。　　　　　● 字体高度：2.75。

（7）成品。建立完成的镇尺模型如图 1-9 所示。

图 1-9 镇尺模型

任务拓展

基于本任务所学的建模命令，选取不同镇尺图案进行三维造型，熟练使用草图直线命令、轮廓线命令、曲线命令、实体建模拉伸命令。

二维码

镇尺练习图纸

扫一扫　练一练

任务 1　镇尺模型建模评测

班级：　　　　姓名：　　　　评测得分：

❓ 1. 请根据草图绘制的相关命令回答下列问题。

✏ （1）创建首尾相连的直线或圆弧的命令是（　　）。

A. 直线　　B. 轮廓线　　C. 圆弧　　D. 圆

✏ （2）通过两对角点创建矩形的命令是（　　）。

A. 　　B. 　　C. 　　D.

✏ （3）通过点或极点创建样条曲线的命令是（　　）。

A. 　　B. 　　C. 　　D.

❓ 2. 观察下列图标，在已有选项中找出对应的命令名称。

（　）　（　）　（　）　（　）　（　）

A. 直径标注　B. 快速尺寸　C. 线性标注　D. 平行标注

E. 竖直标注　F. 半径标注　G. 角度标注　H. 周长标注

❓ 3. 看图回答下列问题。

✏ （1）形成特征 1——长方体需要使用（　　）命令。

A. 拉伸　　B. 回转　　C. 扫略

✏ （2）形成特征 2——文字需要使用（　　）命令。

A. 文本　　B. 注释　　C. 曲线

✏ （3）形成特征 3——曲线需要使用（　　）命令。

A. 直线　　B. 圆弧　　C. 样条曲线

任务2 / 回转特征——铣刀体建模

⋏ 任务描述

　　根据附件"铣刀体"图纸,分析铣刀体图纸中包含的几何体素。利用 UG 软件中的建模模块绘制出铣刀体的三维模型,为后续的 CAM 加工部分提供素材。

⋏ 任务目标

　　☆掌握实体建模中旋转命令的使用方法。
　　☆掌握关联复制中阵列特征命令的使用方法。
　　☆掌握孔特征命令的使用方法。
　　☆会运用旋转、孔命令进行零件造型。
　　☆能对具有相同回转特征的零件运用阵列特征命令进行零件造型。

⋏ 知识学习

　　知识点:
　　★旋转特征　★孔命令　★阵列特征

1　旋转特征

　　旋转特征就是截面线串绕指定轴线回转所形成的特征。单击"特征"工具栏的【旋转】🔄工具按钮或选择【插入】—【设计特征】—【旋转】菜单命令,弹出【旋转】对话框,如图 2-1 所示。

2　孔命令

　　【孔】命令用于在零件上添加一个孔。孔的类型包括:简单孔、螺纹孔、沉头孔、埋头孔、锥度孔等。单击"特征"工具栏的【孔】📦工具按钮或选择【插入】—【设计特征】—【孔】菜单命令,弹出【孔】对话框,如图 2-2 所示。

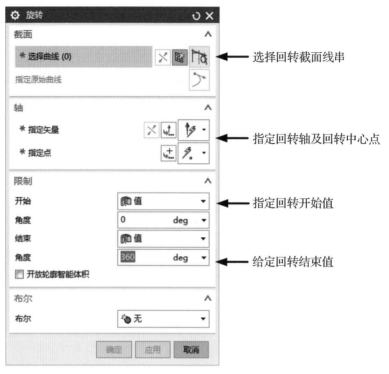

图 2-1 【旋转】对话框

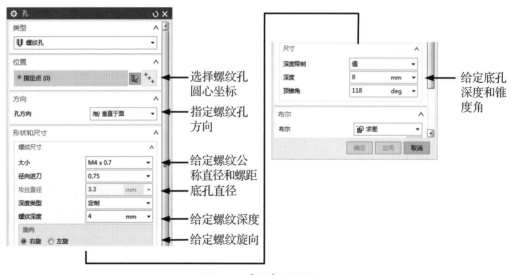

图 2-2 【孔】对话框

③ 阵列特征

阵列特征是将创建好的几何特征按照一定布局进行排列。常见的布局方法包括：线性阵列、圆形阵列、多边形阵列、螺旋式阵列等。单击"特征"工具栏的【阵列特征】工具按钮或选择【插入】—【关联复制】—【阵列特征】菜单命令，弹出【阵列特征】对话框，如图 2 - 3 所示。

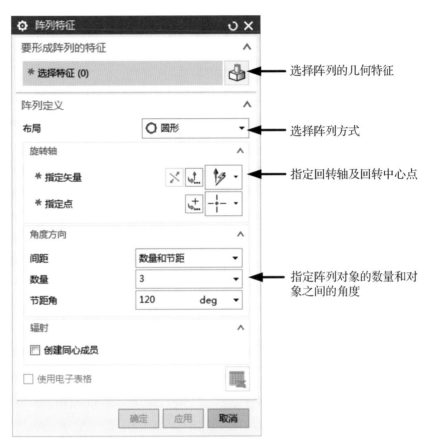

图 2 - 3 【阵列特征】对话框

学习札记

任务实施

1 零件图样分析

　　分析图纸，铣刀体刀杆部分为回转体，刀头部分由 3 个刃口、3 个螺纹孔、3 个简单孔组成。刀杆主体由【旋转】命令创建，刀头刃口通过【拉伸】命令在刀杆上进行拉伸除料，螺纹孔、简单孔由【孔】命令创建。最后使用【阵列特征】命令对刃口、螺纹孔等进行阵列。

2　建模顺序（表2-1）

表 2 - 1　建模顺序

序号	名称	图示
1	回转刀杆	
2	创建刃口	
3	创建孔	
4	阵列特征	

3　建模步骤

（1）新建文件。要求文件名为铣刀体 .prt，单位为毫米，模板为模型，文件存储位置为 D:\。

（2）创建草图"SKETCH_000"，如图 2-4 所示。

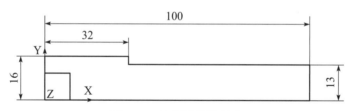

图 2 - 4　长方形草图尺寸

（3）创建刀杆。

单击"特征"工具栏的【旋转】工具按钮或选择【插入】—【设计特征】—【旋转】菜单命令，弹出【旋转】对话框，参数设置如下：

二维码

铣刀体建模步骤

- 截面曲线："SKETCH_000"。　　● 回转轴：X 轴。
- 给定回转角度：0° ～ 360°。

具体如图 2-5 所示。旋转完成后隐藏"草图 SKETCH_000"。

（4）创建草图" SKETCH_001"。选择 XY 平面创建草图" SKETCH_001"，按照图 2-6 所示的草图尺寸绘制各个图素。

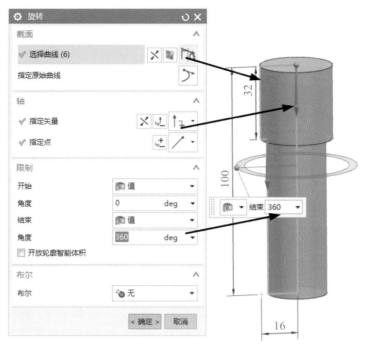

图 2 - 5　回转刀杆

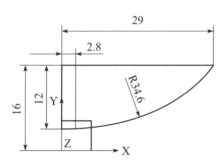

图 2 - 6　拉伸草图 1

（5）使用【拉伸】命令创建刃口，要求如下：

● 拉伸截面：草图（1）SKETCH_001。　　　● 拉伸方向：+ ZC 轴。

● 拉伸高度："开始"选项选择"值"，"距离"输入"0mm"；"结束"选项选择"值"，距离输入"50mm"。

● 布尔运算方式：求差。

拉伸完毕后隐藏"草图 SKETCH_001"，效果如图 2 - 7 所示。

图 2 - 7　创建刃口

（6）创建草图"SKETCH_002"。选择 *XY* 平面创建草图"SKETCH_002"，按照图 2-8 所示的草图尺寸绘制各个图素。

（7）使用【拉伸】命令创建内部刃口，要求如下：

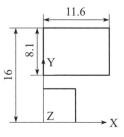

图 2-8　拉伸草图 2

- 拉伸截面："草图 SKETCH_002"。
- 拉伸方向：+ *ZC* 轴。
- 拉伸高度："开始"选项选择"值"，"距离"输入"–2mm"；"结束"选项选择"值"，距离输入"3mm"。
- 布尔运算方式：求差。

拉伸完毕后隐藏"草图 SKETCH_002"，效果如图 2-9 所示。

图 2-9　创建内部刃口

（8）创建孔。选择【插入】—【曲线】—【直线】菜单命令，在内部刃口创建对角直线。单击"特征"工具栏的【孔】工具按钮或选择【插入】—【设计特征】—【孔】菜单命令。

1）创建螺纹孔要求如下：

- 类型：螺纹孔。
- 方向：垂直于平面。
- 深度类型：定制。
- 底孔直径和深度：3.3mm、贯通体。

- 位置：对角直线中点。
- 形状尺寸：M4 × 0.7mm。
- 螺纹深度：4mm。
- 布尔运算方式：求差。

2）创建简单孔要求如下：

- 类型：常规孔。
- 方向：垂直于平面。
- 直径：4mm。
- 顶锥角：118°。

- 位置：内部刃口右下角点。
- 形状：简单孔。
- 深度：4mm。
- 布尔运算方式：求差。

效果如图 2-10 所示。

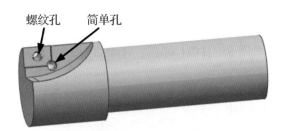

图 2-10　创建螺纹孔和简单孔

（9）阵列特征。单击"特征"工具栏的【阵列特征】工具按钮或选择【插入】—【关联复制】—【阵列特征】菜单命令，阵列要求如下：

- 要形成的阵列特征：选择刃口、内部刃口、螺纹孔。
- 布局：圆形阵列。
- 旋转轴指定矢量：X轴。
- 旋转轴指定点：（0，0，0）。
- 数量：3。
- 节距角：120°。
- 阵列方法：变化。

效果如图 2-11 所示。

图 2-11　阵列拉伸和螺纹孔

阵列简单孔时，将上述步骤中要形成的阵列特征选择为创建完的简单孔，阵列方法改为简单孔。

（10）成品。创建完成的铣刀体模型如图 2-12 所示。

图 2-12　铣刀体模型

任务拓展

基于本任务所学的建模命令，选取不同类型的铣刀体进行三维造型，熟练使用旋转命令、孔命令、阵列特征命令。

扫一扫　练一练

任务 2　铣刀体模型建模评测

班级：　　　　姓名：　　　　评测得分：

❓ 1. 请根据实体建模的相关命令回答下列问题。

✏ （1）截面线串绕指定轴线回转所形成的特征是（　　）。

A. 拉伸特征　　B. 旋转特征　　C. 孔特征

✏ （2）[孔] 命令用于在零件上添加一个孔, 孔的类型包括（　　）。

A. 简单孔　　B. 螺纹孔　　C. 沉头孔　　D. 埋头孔

✏ （3）阵列特征是将创建好的几何特征按照一定布局进行排列, 常见的布局方法有（　　）。

A. 线性阵列　　　　　　B. 圆形阵列

C. 多边形阵列　　　　　D. 螺旋式阵列

A. 创建孔　　　　　　B. 创建刃口

C. 回转刀杆　　　　　D. 阵列特征

❓ 3. 观察下图, 在已有选项中找出正确答案。

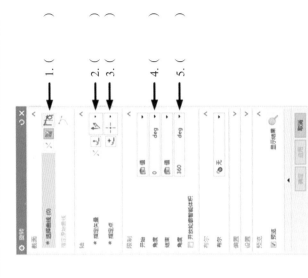

1. （　　）
2. （　　）
3. （　　）
4. （　　）
5. （　　）

A. 选择回转轴　　　　　B. 选择回转中心

C. 选择回转截面线串　　D. 指定回转开始值

E. 指定回转结束值

❓ 2. 观察下图, 在已有选项中找出正确的建模顺序。

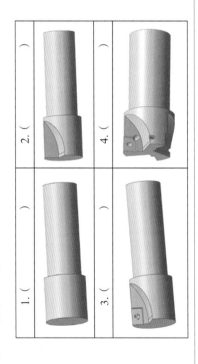

1. （　　）　　　2. （　　）

3. （　　）　　　4. （　　）

任务 3 ／ 实体综合特征——飞机建模

⋏ 任务描述

根据附件"飞机模型"图纸，分析得出飞机模型涉及拉伸、回转、直纹、体素体、倒圆角等特征的创建、基准平面的创建以及布尔运算命令的应用。

⋏ 任务目标

☆掌握拉伸、回转、直纹等特征的建模方法与应用。

☆掌握倒圆角、变半径倒角等特征的创建方法与应用。

☆掌握基准平面的创建方法和布尔运算的运用。

⋏ 知识学习

知识点：

★草图绘图命令　★直纹特征　★基准平面　★边倒圆　★布尔运算

1　草图绘图命令

（1）草图绘图命令及作用见表 3-1。

表 3-1　草图绘图命令及作用

命令	工具图标	作用
镜像曲线	 ⟨图标⟩	创建一组关于中心线对称的曲线
圆	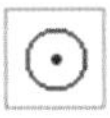 ⊙	通过圆心和直径创建圆
	 ◯	通过圆上 3 个点或者 2 个点和直径创建圆

（2）草图的几何约束。单击"草图工具"工具栏的【几何约束】⟂工具按钮或选择【插入】—【几何约束】菜单命令，弹出【几何约束】对话框，如图 3-1 所示，选取视图区中需创建几何约束的对象后，即可进行几何约束操作。几何约束用于定位草图

对象和确定草图对象之间的相互几何关系。UG 系统提供了 20 种几何约束，根据不同的草图对象，可添加不同的几何约束类型，具体见表 3-2。

图 3-1 【几何约束】对话框

表 3-2 几何约束类型

类型	工具图标	作用
共线		约束两条或多条直线共线
相切		约束两个所选对象相切
平行		约束两条或多条直线相互平行
点在曲线上		约束所选点在指定的曲线上

2 直纹特征

直纹是通过两条截面线串生成的规则曲面（片体或实体）。截面线串可由单个对象或多个对象组成，其中，第一根截面线串可以是曲线、直线、实体边或实体面，也可以是点。

（1）单击"曲面"工具栏的【直纹】 🔲 工具按钮或选择【插入】—【网格曲面】—【直纹】菜单命令，弹出【直纹】对话框，如图 3-2 所示。

（2）选择第一条曲线作为第一个截面，在第一条曲线上会出现一个方向箭头。单击鼠标中键完成截面线串 1 的选择。

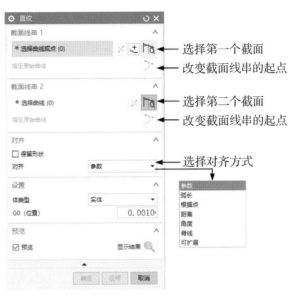

选择第一个截面
改变截面线串的起点
选择第二个截面
改变截面线串的起点
选择对齐方式

图 3 - 2 【直纹】对话框

（3）选择第二条曲线作为第二个截面，在第二条曲线上也会出现一个方向箭头。注意：第二条曲线的箭头方向应与第一条曲线的箭头方向保持一致，否则会导致曲面扭曲。

（4）可以根据输入曲线的类型，选择需要的对齐方式，然后单击【确定】按钮，完成曲面创建。用曲线构成曲面时，对齐方式决定了截面曲线之间的对应关系，也就是说对齐方式将影响曲面形状。通常，直纹通过【参数】对齐，而对于多段曲线或者具有尖点的曲线，采用【根据点】对齐方式较好。对齐方式如下：

- 【参数】：连接沿曲线等参数分布的对应点。
- 【弧长】：两组截面线串和等参数曲线通过等弧长方式建立连接点。
- 【根据点】：沿截面放置对齐点及其对齐线，通过在截面上拖动的方式来移动这些点。
- 【距离】：在指定矢量上将点沿每条曲线以等距离隔开。
- 【角度】：在每条截面线上，绕着某一规定的轴等角度间隔生成点。这样，所有等参数曲线都位于含有该轴线的平面中。
- 【脊线】：将点放置在所选曲线和正交于输入曲线的平面的相交处。

3 基准平面

单击"特征"工具栏的【基准平面】□工具按钮或选择【插入】—【基准 / 点】—【基准平面】菜单命令，弹出【基准平面】对话框，如图 3 - 3 所示，可以利用该对话框建立基准平面。

图 3-3 【基准平面】对话框

在【类型】下拉列表中可以选择基准平面的创建方法，见表 3-3。

表 3-3 基准平面的创建方法

类型	工具图标	作用
自动判断		系统根据选择的对象，决定最可能使用的基准平面类型
按某一距离		通过选择平面对象和指定距离创建偏置基准平面
成一角度		通过指定的旋转轴并与一个选定的平面成一角度创建基准平面
二等分		选择两个平行平面，创建与它们等距离的中心基准平面
曲线和点		经过一个指定的点，并通过选择另外一个条件确定基准平面的法向
两直线		通过选择两条直线定义一个基准平面
相切		与选中的曲面相切并受限于另外一个选中对象的基准平面
通过对象		通过选择一条直线、曲线或者一个平面来创建基准平面，该平面垂直于所选直线，或通过所选的曲线或平面
点和方向		经过指定的参考点并垂直于定义矢量的基准平面
曲线上		创建一个与曲线/边上一点的法线或切线相垂直的基准平面
YC-ZC 平面		沿工作坐标系（WCS）或绝对坐标系（ABS）的 YC-ZC 轴创建固定的基准平面
XC-ZC 平面		沿工作坐标系（WCS）或绝对坐标系（ABS）的 XC-ZC 轴创建固定的基准平面
XC-YC 平面		沿工作坐标系（WCS）或绝对坐标系（ABS）的 XC-YC 轴创建固定的基准平面

4　边倒圆

单击"特征"工具栏的【边倒圆】🧊工具按钮或选择【插入】—【细节特征】—【边倒圆】菜单命令，弹出【边倒圆】对话框，如图3-4所示。

该对话框用于在实体边缘去除材料或添加材料，使实体的尖锐边缘变成圆滑表面（圆角面）。各选项含义如下：

● 【要倒圆的边】：此选项区主要用于倒圆边的选择与添加，以及倒角值的输入。若要对多条边进行不同圆角的倒角处理，单击【添加新集】按钮即可。列表框中列出了不同倒角的名称、值和表达式等信息。

● 【选择边】：该按钮用于创建一个恒定半径的圆角，恒定半径的圆角是最简单的、最容易生成的圆角。

● 【形状】下拉列表：用于定义倒圆角的形状，包括圆形（倒圆角的截面形状为圆形）和二次曲线（倒圆角的截面形状为二次曲线）。

图3-4　【边倒圆】对话框

● 【可变半径点】：定义边缘上的点，然后输入各点位置的圆角半径值，即可沿边缘的长度改变倒圆半径。在改变圆角半径时，必须至少已指定了一个半径恒定的边缘，才能使用该选项添加可变半径点。

● 【拐角倒角】：添加回切点到一倒圆拐角，通过调整每一个回切点到顶点的距离，对拐角应用其他的变形。

● 【拐角突然停止】：通过添加突然停止点，可以在非边缘端点处停止倒圆，从而进行局部边缘段倒圆。

● 【修剪】：可将边倒圆修剪至明确选定的面或平面，而不是依赖系统默认修剪面。

● 【溢出解】：当圆角的相切边缘与该实体上的其他边缘相交时，就会发生圆角溢出。选择不同的溢出解，得到的效果会不一样，可以尝试组合使用这些选项来获得不同的结果。

● 【设置】：此选项区主要用于控制输出操作的结果。

5 布尔运算

单击"特征"工具栏的【合并】、【减去】、【相交】工具按钮或选择【插入】—【组合】—【合并】、【减去】、【相交】菜单命令，可分别弹出【合并】、【减去】和【相交】对话框。

布尔运算是对已存在的两个或多个实体进行合并、减去和相交操作，经常用于需要剪切实体、合并实体以及获取实体交叉部分的情况，具体见表 3 - 4。

表 3 - 4　布尔运算

命令	工具图标	作用
合并		将两个或两个以上不同的实体合并为一个独立的实体
减去		从目标体中删除一个或多个工具体，也就是求实体间的差集
相交		使目标体和所选工具体之间的相交部分成为一个新的实体，也就是求实体间的交集

布尔操作中的实体分为目标体和工具体，如图 3 - 5 所示。目标体是指最先选择的需要与其他实体进行布尔操作的实体，目标体只能有一个。工具体（又称刀具体）是用来在目标上执行布尔操作的实体，工具体可以有多个。完成布尔操作后，工具体将成为目标体的一部分。

选择需要与其他实体进行合并操作的实体

选择与目标体合并的实体

图 3 - 5　布尔操作的实体

学习札记

任务实施

1 零件图样分析

分析图纸，飞机主要由【回转】、【拉伸】、【直纹】、【球】、【边倒圆】和【基准平面】等命令创建。

2 建模顺序

建模顺序分为 5 步，包括机身、机翼、尾翼、驾驶室、起落架，具体见表 3 - 5。

表 3 - 5　建模顺序

序号	名称	图示
1	机身	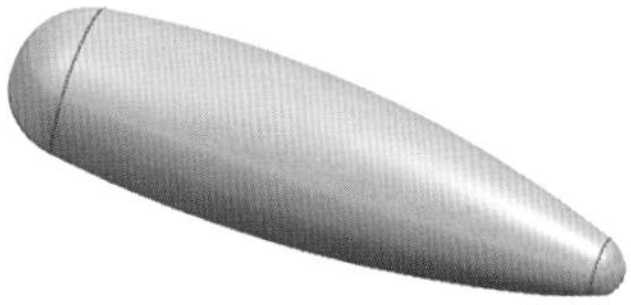
2	机翼	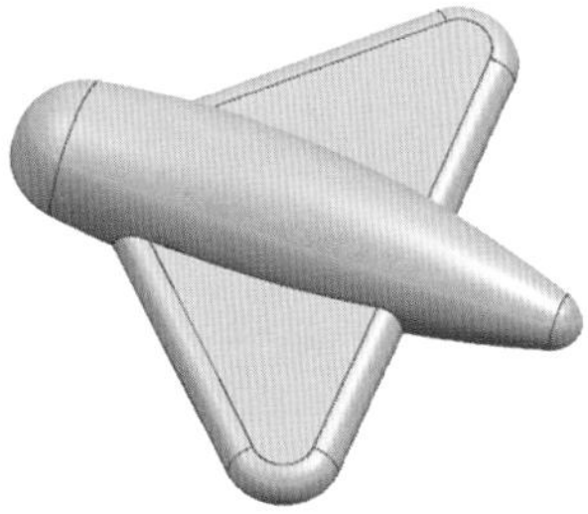
3	尾翼	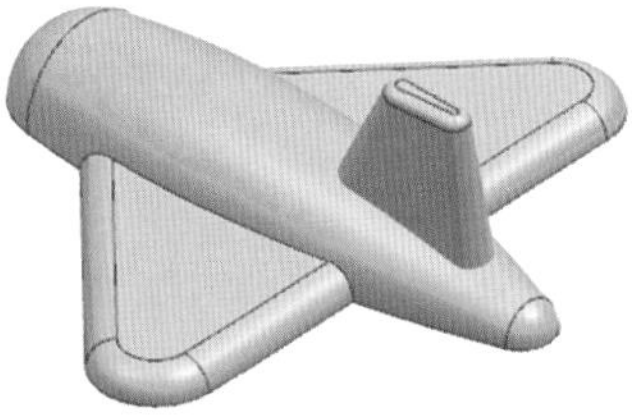
4	驾驶室	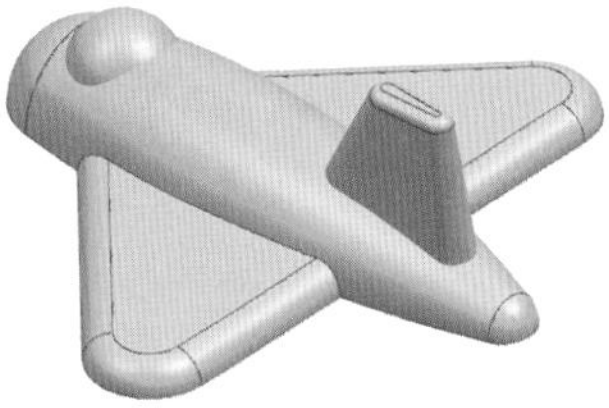
5	起落架	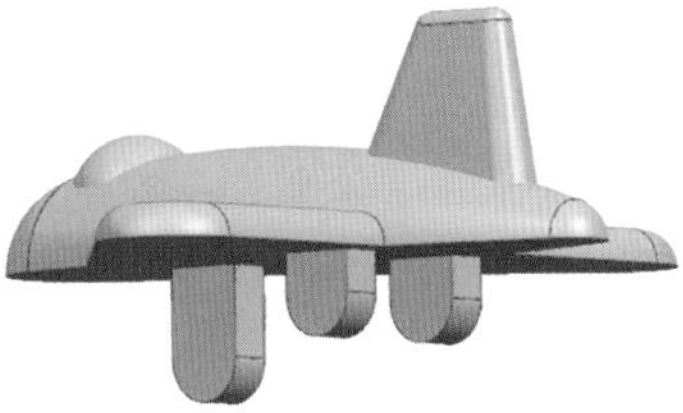

二维码 飞机建模步骤 1　　二维码 飞机建模步骤 2

3　建模步骤

（1）新建文件。要求文件名为飞机 .prt，单位为毫米，模板为模型。

（2）机身实体创建。

1）创建"SKETCH_000"。【草图】选择 *XC-YC* 基准平面绘制。选择【插入】—【在任务环境中绘制草图】菜单命令或者单击工具栏中的【更多】—【在草图任务环境中打开】，创建草图并进入【草图】任务环境绘制，如图 3-6 所示。绘制完成后单击【完成】按钮，退出草图环境。

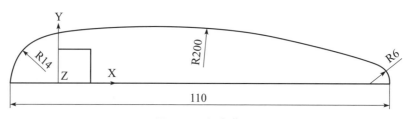

图 3-6　机身草图

注意：半径为 14mm 的圆的圆心在原点（0，0）处。

建议先绘制出半径为 14mm 的圆的两条中心线，并且分别与 *X* 轴、*Y* 轴共线，如图 3-7 所示。

2）使用【回转】命令创建机身，要求如下：

● 回转截面：草图 SKETCH_000。

● 回转轴：+*XC* 轴。

● 回转角度："开始"选项选择"值"，"角度"输入"0"；"结束"选项选择"值"，角度输入"180"。

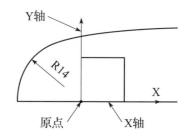

图 3-7　圆中心线与 *X* 轴、*Y* 轴共线

效果如图 3-8 所示，回车，再单击【确定】按钮。

（3）机翼实体创建。

1）创建"SKETCH_001"。【草图】选择 *XC-YC* 基准平面绘制。选择【插入】—【在任务环境中绘制草图】菜单命令或者单击工具栏中的【更多】—【在草图任务环境

中打开】，创建草图并进入【草图】任务环境绘制，如图 3-9 所示。绘制完成后单击
【完成】按钮，退出草图环境。

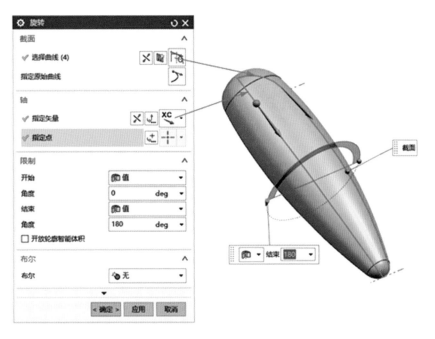

图 3-8　【旋转】对话框

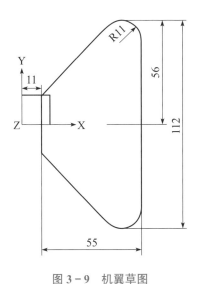

图 3-9　机翼草图

2）创建机翼，要求如下：

● 拉伸截面：草图 SKETCH_001。

● 拉伸方向：+ZC 轴。

● 拉伸高度："开始"选项选择"值"，"距离"输入"0mm"；"结束"选项选择

"值"，距离输入"5mm"。

效果如图 3 - 10 所示，回车，再单击【确定】按钮。

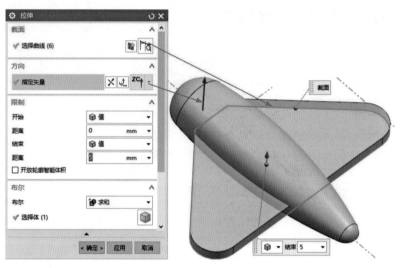

图 3 - 10　拉伸机翼

（4）尾翼实体创建。

1）创建"SKETCH_002"，即尾翼上截面。单击"特征"工具栏的【基准平面】工具按钮或选择【插入】—【基准 / 点】—【基准平面】菜单命令，弹出【基准平面】对话框。"类型"选择 *XC - YC* 平面，"距离"输入"33mm"。创建一个与 *XC-YC* 平面距离为 33mm 的基准平面 1，如图 3 - 11 所示。

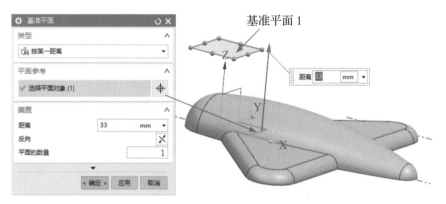

图 3 - 11　创建基准平面

以基准平面 1 为草图平面绘制尾翼的上截面。【草图】选择基准平面 1 绘制。选择【插入】—【在任务环境中绘制草图】菜单命令或者单击工具栏中的【更多】—【在草图任务环境中打开】，创建草图并进入【草图】任务环境绘制，草图如图 3 - 12 所示。绘制完成后单击【完成】按钮，退出草图环境，效果如图 3 - 13 所示。

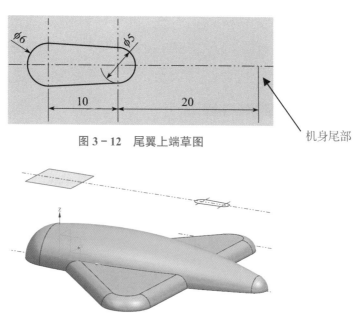

图 3 – 12　尾翼上端草图

图 3 – 13　尾翼上端截面

2）创建 "SKETCH_003"，即尾翼下截面。【草图】选择 *XC-YC* 基准平面绘制。选择【插入】—【在任务环境中绘制草图】菜单命令或者单击工具栏中的【更多】—【在草图任务环境中打开】，创建草图并进入【草图】任务环境绘制，草图如图 3 – 14 所示。绘制完成后单击【完成】按钮，退出草图环境，效果如图 3 – 15 所示。

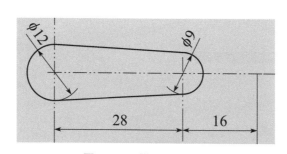

图 3 – 14　尾翼下端草图

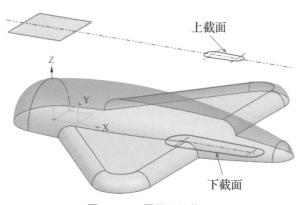

图 3 – 15　尾翼下端截面

3）使用【直纹】命令创建尾翼实体，如图 3 - 16 所示。要求截面线串 1 为"草图 SKETCH_002"，截面线串 2 为"草图 SKETCH_003"。注意：选择截面线串时，鼠标单击的位置一致，箭头方向才会一致。

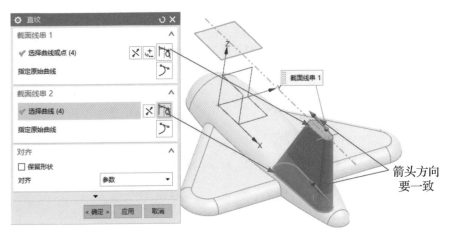

图 3 - 16　尾翼实体

（5）驾驶室实体创建并合并飞机。

1）使用【球】命令创建驾驶室实体，要求如下：

● 类型：中心点和直径。　　　● 中心点：（7，0，9）。

● 尺寸：直径 20mm。　　　● 布尔运算方式：求和。

效果如图 3 - 17 所示。

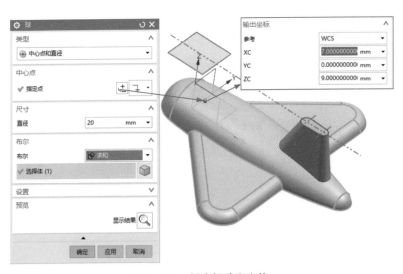

图 3 - 17　创建驾驶室实体

2）使用布尔运算中的【合并】命令合并机身、机翼、尾翼，要求如下：

● 目标：机身。　　　● 工具：机翼、尾翼。

（6）起落架实体创建。

1）创建"SKETCH_004"。【草图】选择 *XC-YC* 基准平面绘制。选择【插入】—【在任务环境中绘制草图】菜单命令或者单击工具栏中的【更多】—【在草图任务环境中打开】，创建草图并进入【草图】任务环境绘制，如图 3-18 所示。绘制完成后单击【完成】按钮，退出草图环境。

2）创建起落架实体。

使用【拉伸】命令，要求如下：

● 拉伸截面："草图 SKETCH_004"中前面单独的长方形。

● 拉伸方向：–*ZC* 轴。

● 拉伸高度："开始"选项选择"值"，"距离"输入"0mm"；"结束"选项选择"值"，距离输入"19mm"。

● 布尔运算方式：求和。

回车，效果如图 3-19 所示，单击【确定】按钮。

再次使用【拉伸】命令，要求如下：

● 拉伸截面："草图 SKETCH_004"中后面两个长方形。

● 拉伸方向：–*ZC* 轴。

● 拉伸高度："开始"选项选择"值"，"距离"输入"0mm"；"结束"选项选择"值"，距离输入"12mm"。

● 布尔运算方式：求和。

回车，如图 3-20 所示，单击【确定】按钮。

图 3-18 起落架草图

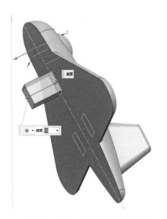

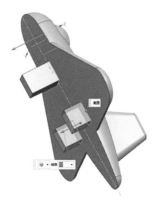

图 3-19 起落架实体 1   图 3-20 起落架实体 2

（7）选择如图 3-21 所示的边，使用【边倒圆】命令进行边倒圆，要求如下：

- 混合面连续性：G1 相切。
- 形状：圆形。
- 半径：6mm。

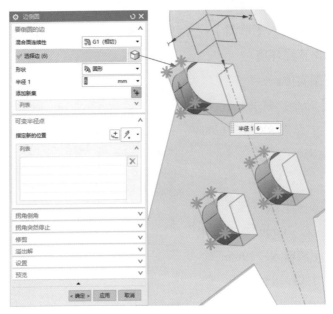

图 3 - 21　起落架底部边倒圆

（8）选择如图 3 - 22 所示的边，使用【边倒圆】命令进行边倒圆，要求如下：

1）驾驶室与机身交线。

- 混合面连续性：G1 相切。
- 形状：圆形。
- 半径：3mm。

2）机翼边缘以及机身与机翼交线。

- 混合面连续性：G1 相切。
- 形状：圆形。
- 半径：5mm。

3）尾翼上端面边缘。

- 混合面连续性：G1 相切。
- 形状：圆形。
- 半径：2mm。

（9）选择如图 3 - 23 所示的边，使用【边倒圆】命令进行边倒圆，要求如下：

- 混合面连续性：G1 相切。
- 选择边：尾翼与机身交线。
- 形状：圆形，可变半径点。
- V 半径 1：3mm。
- 位置：弧长百分比。
- 弧长百分比：59%。
- V 半径 2：4mm。
- 位置：弧长百分比。
- 弧长百分比：0%。

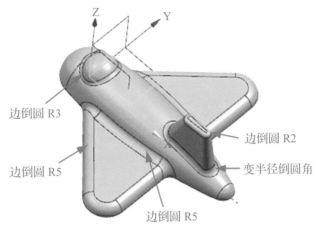

图 3 - 22　各部分倒圆角

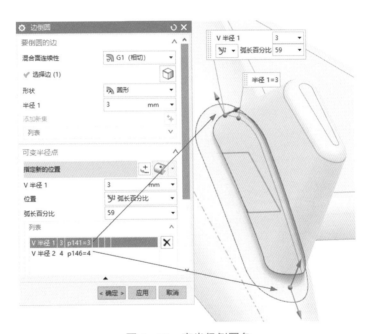

图 3 - 23　变半径倒圆角

🏔 任务拓展

　　基于本任务所学的建模命令，选取不同造型的飞机进行三维建模，熟练使用直纹、基准平面、边倒圆、布尔运算命令。

二维码

飞机练习图纸

扫一扫　练一练

班级：　　　　　姓名：　　　　　评测得分：

任务 3 飞机模型建模评测

❓ 1. 请根据创建基准平面的相关命令回答下列问题。

📝（1）通过选择平面对象和指定距离创建偏置基准平面的命令图标是（　　）。

A. 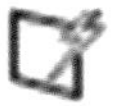 🔲　　B. 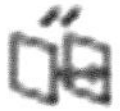 🔲　　C. 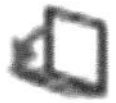 🔲　　D. 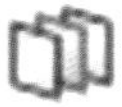 🔲

📝（2）通过指定的旋转轴创建与一个选定的平面成一角度的基准平面的命令图标是（　　）。

A. 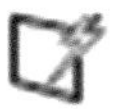 🔲　　B. 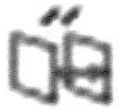 🔲　　C. 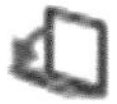 🔲　　D. 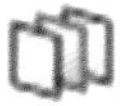 🔲

📝（3）经过一个指定的点，并通过选择另外一个条件确定基准平面的命令图标是（　　）。

A. 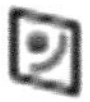 🔲　　B. 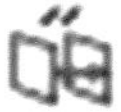 🔲　　C. 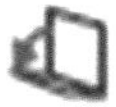 🔲　　D. 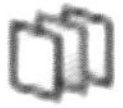 🔲

❓ 2. 观察下列图标，在已有选项中找出对应的命令名称。

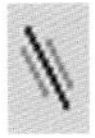

⫽（　　）　　　⊙（　　）

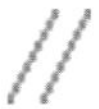

⫽（　　）　　　🔲（　　）

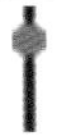

⌾（　　）　　　◯（　　）

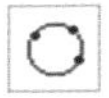

A. 约束两条或多条直线共线　　B. 约束两条或多条直线相互平行
C. 约束两条或多条直线相互平行　　D. 三点定圆
E. 约束所选点在指定的曲线上　　F. 镜像曲线

❓ 3. 选择飞机建模的正确顺序，并填写到表格中。

序号	名称	图示
1		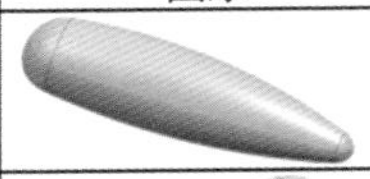
2		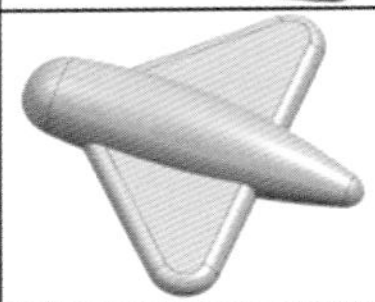
3		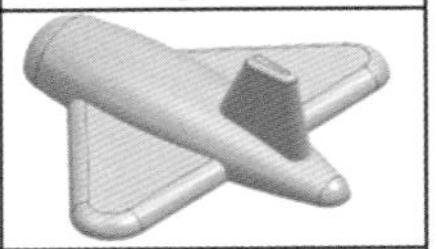
4		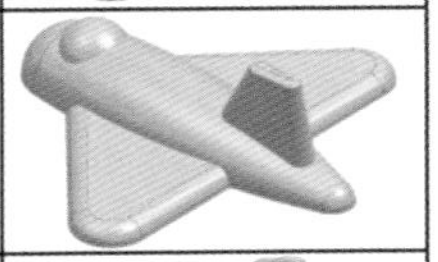
5		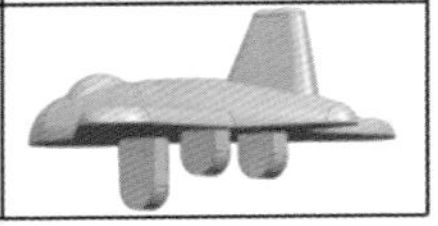

A. 机翼　　B. 机身　　C. 驾驶室
D. 尾翼　　E. 起落架

任务 4　直纹特征——蛋挞托凹模建模

任务描述

根据附件"蛋挞托凹模"图纸，分析得出，蛋挞托凹模建模涉及长方体、表达式、直纹、填充曲面等特征的创建，以及布尔运算命令的应用。

任务目标

☆掌握体素体、表达式、填充曲面等特征的建模方法与应用。

☆掌握修剪体的应用。

知识学习

知识点：

★体素体　★表达式　★填充曲面　★修剪体

1　体素体

基本实体模型是实体建模的基础，体素特征包括长方体、圆柱体、圆锥体和球体，体素特征是以工作坐标系和模型空间点进行定位的，不能与其他几何体建立关联，因此，建议体素特征只用于构建简单零件的第一个特征。

（1）长方体。可通过设定长方体的原点和 3 条边的长度来建立长方体。单击"特征"工具栏的【长方体】🔲工具按钮或选择【插入】—【特征】—【设计特征】—【长方体】菜单命令，弹出【块】对话框，如图 4 - 1 所示。

（2）球体。单击"特征"工具栏的【球】⚪工具按钮或选择【插入】—【特征】—【设计特征】—【球】菜单命令，弹出【球】对话框，如图 4 - 2 所示。

生成球的方式有以下两种：

1）中心点和直径：指定直径和球心来创建球。单击该按钮，指定或选择一个点作为球的中心，然后在【直径】文本框中输入球的直径，最后在弹出的【布尔操作】对话框中选择一种布尔操作方法，即可完成球的创建。

图 4-1 【块】对话框

图 4-2 【球】对话框

2）圆弧：指定圆弧来创建球。所指定的圆弧不一定是封闭的。单击该按钮，会弹出对象选择对话框，选择一圆弧，则以该圆弧的半径和中心点分别作为球的半径和球心。在【布尔操作】对话框中选择一种布尔操作方法，即可完成球的创建。

2 表达式

表达式利用算术或条件公式来控制零部件的特性。通过创建参数之间的表达式，不仅可以控制建模过程中特征与特征之间、对象与对象之间、特征与对象之间的尺寸与位置关系，还可以控制装配过程中部件与部件之间的尺寸与位置关系。

（1）表达式语言。在 UG 中，表达式是 UG 编程的一种赋值语句，将等式右边的值赋给等式左边的变量。表达式由函数、变量、运算符、数字、字母、字符串、常数以及为其添加的注释组成，具体见表 4-1。

表 4-1　表达式函数及其含义

内置函数	含义	内置函数	含义
abs	绝对值	sin	正弦
asin	反正弦	cos	余弦
acos	反余弦	tan	正切
atan	反正切	exp	幂函数（以 e 为底）
ceil	向上取整	log	自然对数
floor	向下取整	Log10	对数（以 10 为底）
Tprd	平方根	deg	弧度转化为角度
Pi	常数 π	rad	角度转化为弧度

1）变量名。在 UG 中，变量名是字母数字型的字符串，但第一个元素必须是一个字母，在变量名中应使用下画线"_"，变量名的最大长度为 32 个字符。表达式的字符区分大小写。

2）运算符。在 UG 中，表达式的运算符可以分为算术运算符（+、-、*、/）、关系运算符（>、<、>=）和连接运算符（^），这些运算符与其他程序设计语言中的含义完全一致。

3）内置函数。建立表达式时，可以使用 UG 的任一内置函数。

（2）条件表达式。条件表达式是利用 if else 语法结构创建的表达式，其语法是"VAR=if（exp1）（exp2）else（exp3）"，其中，VAR 为变量名，exp1 为判断条件表达式，exp2 为判断条件表达式结果为真时所执行的表达式，exp3 为判断条件表达式结果为假时所执行的表达式。

例如，条件表达式为"Radius=if（Delta<10）（3）else（4）"，其含义是：如果 Delta 的值小于 10，则"Radius=3"；如果 Delta 的值大于或等于 10，则"Radius=4"。

（3）建立和编辑表达式。在 UG 中，通过【表达式】对话框可以使对象与对象之间、特征与特征之间存在关联，修改一个特征或对象，将引起其他特征或对象按照表达式进行相应的改变。

1）自动创建表达式。创建一个特征后，系统会自动为特征的各个尺寸参数和定位参数建立各自独立的表达式。

①在绘制草图时，创建一个草图平面，系统将以草图 XC 和 YC 基准坐标轴建立表达式。

②在标注草图时，标注某个尺寸，系统会自动对该尺寸建立相应的表达式。

③在装配建模时，设置一个装配条件，系统会自动建立相应的表达式。

2）手动创建表达式。除了可采用系统自动生成的表达式外，还可以根据设计需要建立表达式。选择【工具】—【表达式】菜单命令，打开【表达式】对话框，如图 4-3 所示。

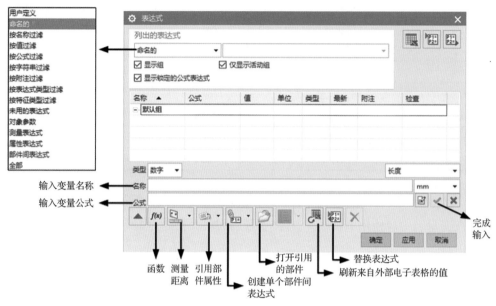

图 4-3 【表达式】对话框

（4）电子表格编辑。当修改的表达式较大时，可以在 Microsoft Excel 中编辑表达式。设置方法是单击对话框中的【电子表格编辑】按钮，打开 Excel 窗口，在电子表格中，第一列为表达式名称，列出所有表达式的变量名称；第二列为公式，列出驱动该变量的代数式；第三列为数值，列出公式代数式的值。修改表中各个变量对应的公式，就可以实现表达式的修改。

（5）从文件导入表达式。在 UG 建模过程中，对于模型已建立的表达式，可以将其导入当前模型的表达式中，并根据需要对该表达式进行再编辑。

3 填充曲面

可以通过选取一组封闭的曲线或边来创建曲面。单击"曲面"工具栏的【填充曲面】工具按钮或选择【插入】—【曲面】—【填充曲面】菜单命令，弹出【填充曲面】对话框，如图 4-4 所示。

图 4-4 【填充曲面】对话框

4　修剪体

修剪体可以使用一个面或基准平面修剪一个或多个目标体。修剪面必须完全通过实体，修剪后要保留的体可以通过【反向】按钮调整，剩余在界面中显示的体即为要保留的体。修剪后的目标体仍然是参数化实体。

单击"特征"工具栏的【修剪体】工具按钮或选择【插入】—【修剪】—【修剪体】菜单命令，弹出【修剪体】对话框，如图 4 - 5 所示。

图 4 - 5　【修剪体】对话框

- 指定要修剪的一个或多个目标体
- 选择刀具
- 设置公差
- 在图形区域预览显示结果

学习札记

任务实施

1　零件图样分析

分析图纸，蛋挞托模具主要由【拉伸】、【直纹】、【修剪体】和【表达式】等命令创建。

2　建模顺序

建模顺序分为两部分：一是拉伸基本体；二是直纹花形图案。具体见表 4 - 2。

表 4 - 2　建模顺序

序号	名称	图示
1	拉伸基本体	

任务 4

续表

序号	名称	图示
2	直纹花形图案	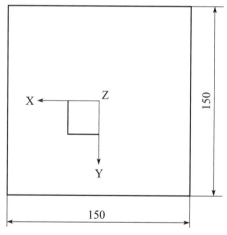

3 建模步骤

（1）新建文件。要求文件名为蛋挞托凹模 .prt，单位为毫米，模板为模型，文件存储位置为 D:\。

（2）创建蛋挞托模具模型。

1）创建 "SKETCH_000"。【草图】选择 *XC-YC* 基准平面绘制。选择【插入】—【在任务环境中绘制草图】菜单命令或者单击工具栏中的【更多】—【在草图任务环境中打开】，创建草图并进入【草图】任务环境绘制。通过【矩形】命令创建 150mm×150mm 的正方形，如图 4-6 所示。绘制完成后单击【完成】按钮，退出草图环境。

二维码

蛋挞托凹模建模
步骤

```
                    ┌──────────────┐  ↑
                    │              │  │
                    │  X ← ┌─┐ Z   │  150
                    │      └─┤     │  │
                    │        ↓     │  │
                    │        Y     │  ↓
                    └──────────────┘
                    ←──── 150 ────→
```

图 4-6 正方形草图尺寸

2）使用【拉伸】命令创建基本体，要求如下：

● 拉伸截面："草图 SKETCH_000"。　● 拉伸方向：+*ZC* 轴。

● 拉伸高度："开始"选项选择"值"，"距离"输入"0mm"；"结束"选项选择"值"，距离输入"30mm"。

拉伸完毕后隐藏"草图 SKETCH_000"，如图 4-7 所示。

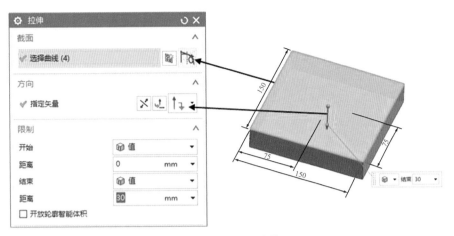

图 4-7　拉伸正方体

3）使用【表达式】命令创建蛋挞托模具花边，要求如下：

用户表达式：n=20

R=58+2*sin（360*t*n）

选择【工具】—【表达式】菜单命令，打开【表达式】对话框，参数设置如图 4-8 所示。

图 4-8　【表达式】对话框

选择【菜单】—【插入】—【曲线】—【规律曲线】菜单命令，打开【规律曲线】对话框，参数设置如下：

X 规律 规律类型为根据方程，参数为 t，函数为 xt。

Y 规律 规律类型为根据方程，参数为 t，函数为 yt。

Z 规律 规律类型为恒定，值为 0。

单击【确定】按钮生成花边曲线，如图 4-9 所示。

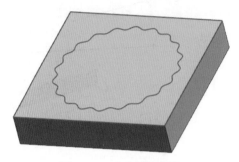

图 4-9　生成花边曲线

4）创建蛋挞托模具底圆。

①创建 " SKETCH_001"。单击 "特征" 工具栏的【基准平面】工具按钮或选择【插入】—【基准/点】—【基准平面】菜单命令，弹出【基准平面】对话框。"类型" 选择 XC-YC 平面，"距离" 输入 20mm，创建一个与 XC-YC 平面距离为 20mm 的基准平面，如图 4-10（b）所示。

【草图】选择新创建的基准平面绘制。选择【插入】—【在任务环境中绘制草图】菜单命令或者单击工具栏中的【更多】—【在草图任务环境中打开】，创建草图并进入【草图】任务环境绘制。

通过【圆】命令创建直径为 55mm 的圆，如图 4-10 所示。

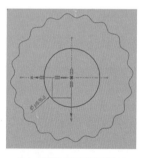

（a）模具底圆草图尺寸

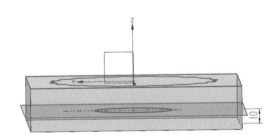

（b）模具底圆位置

图 4-10　模具底圆

②使用【填充曲面】命令填充曲面，要求如下：

● 选择曲线：草图 SKETCH_001。　　　● 形状控制方法：无。

填充效果如图 4-11 所示。

5）使用【直纹】命令创建蛋挞托模具花形曲面，要求如下：

● 截面线串 1：模具底圆。　　　● 截面线串 2：花边。

- 体类型：片体。

效果如图 4-12 所示。

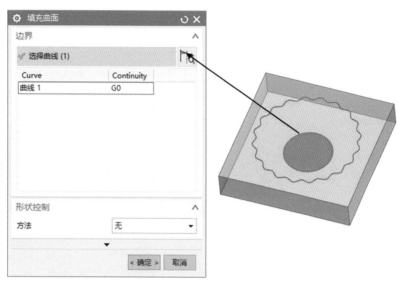

图 4-11　模具底圆平面

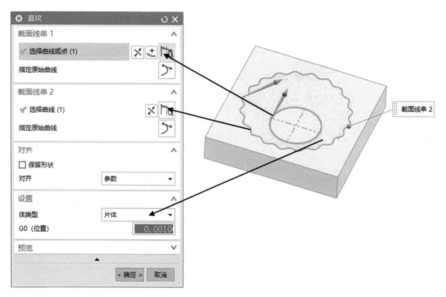

图 4-12　模具花形曲面

6）使用【缝合】命令缝合模具花形曲面和底圆，要求如下：

- 缝合类型：片体。
- 工具：模具底圆，即直径为 55mm 的圆形平面。
- 目标：花形曲面。

7）使用【修剪体】命令创建蛋挞托模具实体，要求如下：

- 目标：150mm×150mm 的正方体。
- 工具：上一步缝合后的组合面。

　　【修剪体】对话框参数设置如图 4 - 13 所示，修剪后的实体如图 4 - 14 所示。隐藏所有草图后的效果如图 4 - 15 所示。

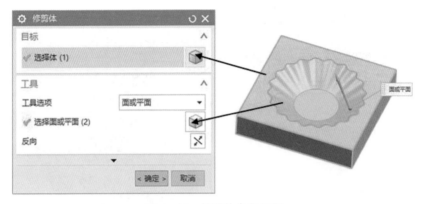

图 4 - 13　修剪体参数设置

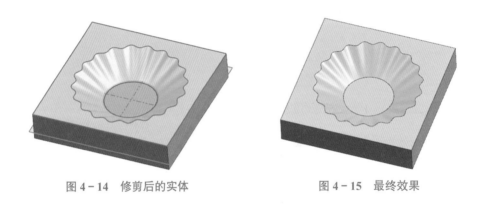

图 4 - 14　修剪后的实体　　　　　　　　图 4 - 15　最终效果

⚙ 任务拓展

　　基于本任务所学的建模命令，选取不同造型的蛋挞托模具进行三维建模，熟练使用体素体、填充曲面、修剪体、表达式等命令。

扫一扫　练一练

任务 4　蛋挞托凹模建模评测

班级：　　　　　姓名：　　　　　评测得分：

❓ 1. 请根据表达式函数回答下列问题。

✎（1）内置函数 abs 的含义是（　　）。

A. 绝对值　　B. 平方根　　C. 向上取整　　D. 向下取整

✎（2）内置函数 sin 的含义是（　　）。

A. 余弦　　B. 正弦　　C. 反正弦　　D. 反余弦

✎（3）内置函数 tan 的含义是（　　）。

A. 正切　　B. 反正切　　C. 余切　　D. 反余切

✎（4）内置函数 rad 的含义是（　　）。

A. 弧度转化为角度　　B. 角度转化为弧度　　C. 幂函数

❓ 2. 根据表达式的相关知识在已有选项中找出正确答案。

✎（1）在 UG 中，表达式的运算符可以分为（　　）。

A. 算术运算符　　B. 关系运算符　　C. 连接运算符

✎（2）变量名是字母数字型的字符串，变量名的最大长度为（　　）个字符。

A. 8　　B. 16　　C. 24　　D. 32

❓ 3. 结合本任务回答下列问题。

✎（1）蛋挞托凹模具主要由（　　）等命令创建。

A.［拉伸］　B.［填充］　C.［修剪体］　D.［表达式］

E.［扫略］　F.［抽壳］　G.［直纹面］　H.［旋转］

✎（2）将蛋挞托凹模具的建模顺序填写在下表括号内。

1.（　　）	2.（　　）	3.（　　）

A. 直纹花形图案　　B. 拉伸基本体　　C. 实体求差

任务 5 ╱ **网格曲面特征——砚台建模**

🕮 任务描述

　　根据附件"砚台 1""砚台 2"图纸，分析砚台图纸中包含的几何体素。利用 UG 软件中的建模模块绘制出砚台的三维模型，为后续的 CAM 加工部分提供素材。

🕮 任务目标

　　☆掌握曲面中曲线网格命令的使用方法。

　　☆掌握曲面中有界平面命令的使用方法。

　　☆掌握缝合命令的使用方法。

　　☆掌握对称特征零件的建模方法。

🕮 知识学习

　　知识点：

　　★曲线网格　★镜像几何体　★有界平面　★缝合命令

1　曲线网格

　　曲线网格用于通过一个方向的曲线网格和另一个方向的引导线创建片体特征或实体特征。

　　单击"曲面"工具栏的【通过曲线网格】🔲工具按钮或选择【插入】—【网格曲面】—【通过曲线网格】菜单命令，弹出【通过曲线网格】对话框，如图 5-1 所示。

　　注意：使用曲线网格命令时，务必保证主曲线和交叉线串相交，否则会导致网格曲面创建失败。

2　镜像几何体

　　镜像几何体是按平面进行镜像来复制几何体。

　　单击"特征"工具栏的【镜像几何体】🗗工具按钮或选择【插入】—【关联复制】—【镜像几何体】菜单命令，弹出【镜像几何体】对话框，如图 5-2 所示。

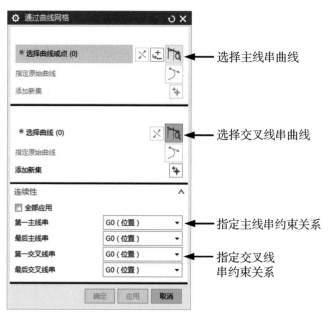

图 5-1 【通过曲线网格】对话框

图 5-2 【镜像几何体】对话框

3 有界平面

有界平面是由一组首尾相连的、中间无交叉的平面曲线创建的封闭平面片体。

单击"曲面"工具栏的【有界平面】 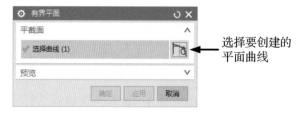工具按钮或选择【插入】—【曲面】—【有界平面】菜单命令，弹出【有界平面】对话框，如图 5-3 所示。

图 5-3 【有界平面】对话框

4 缝合

缝合是将两个或两个以上的片体缝合到一起，从而创建出组合片体或组合实体。

单击"特征"工具栏的【缝合】工具按钮或选择【插入】—【组合】—【缝合】菜单命令，弹出【缝合】对话框，如图 5-4 所示。使用缝合命令时，两个片体之间不能重叠或存在间隙，否则会导致缝合失败。

◀— 缝合类型选择

◀— 选择要缝合的基准片体

◀— 选择与基准片体相连且要缝合的其他片体

图 5-4 【缝合】对话框

学习札记

任务实施

1 零件图样分析

分析图纸，砚台由上表面不规则曲面、内部型腔、外侧 5 个内凹槽组成。上表面不规则曲面可通过绘制 2 条主轮廓线、3 条交叉线串由【通过曲线网格】命令创建，内部型腔可由【拉伸】命令求差创建，外侧 5 个内凹槽由【孔】命令创建。

2 建模顺序（表5-1）

表 5-1 建模顺序

序号	名称	图示
1	创建网格曲面	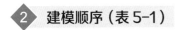

续表

序号	名称	图示
2	镜像几何体	
3	创建有界平面、缝合	
4	创建内部型腔及外部 5 个内凹槽	

3 建模步骤参考

（1）新建文件。要求文件名为砚台 .prt，单位为毫米，模板为模型，文件存储位置为 D:\。

（2）创建草图"SKETCH_000"。创建样条曲线 1，选择【样条曲线】命令，根据表 5-2 所列极点坐标创建，次数为 3 次。样条曲线创建完毕后在极点 1 处绘制一条竖直直线，几何约束样条曲线 1 与竖直直线相切。

砚台建模步骤 1

砚台建模步骤 2

（3）创建草图"SKETCH_001"。创建样条曲线 5，选择【样条曲线】命令，根据表 5-3 所列极点坐标创建，次数为 3 次。

表 5-2　样条曲线 1 的坐标

样条	X	Y	Z
极点 1	0	−60.62	−8
极点 2	0	−60.74	0.532 1
极点 3	0	−47.97	−0.645
极点 4	0	−40.47	0

表 5-3　样条曲线 5 的坐标

样条 5	X	Y	Z
极点 1	0	62.5	−8
极点 2	0	62.5	0
极点 3	0	52.472	0
极点 4	0	42.426	0

（4）创建草图"SKETCH_002"。创建样条曲线 4，选择【样条曲线】命令，根据表 5-4 所列坐标创建，次数为 3 次。样条曲线创建完毕后在极点 1、极点 7 处分别绘制一水平向左的直线，在样条曲线中约束样条曲线 4 的极点 1、极点 7 处分别与水平直

线 G1 相切。

（5）创建草图"SKETCH_003"。创建样条曲线 2，选择【样条曲线】命令，根据表 5-5 所列坐标创建，次数为 3 次。样条曲线创建完毕后在极点 1、极点 7 处分别绘制水平向左的直线，在样条曲线中约束样条曲线 2 的极点 1、极点 7 分别与水平直线 G1 相切。

表 5-4　样条曲线 4 的坐标

样条 4	X	Y	Z
点 1	0	46.426	0
点 2	16.336	42.133	0
点 3	23.574	31.246	0
点 4	29.755	1.222 4	0
点 5	30.12	−21.41	0
点 6	20.194	−37.82	0
点 7	0	−40.47	0

表 5-5　样条曲线 2 的坐标

样条 2	X	Y	Z
点 1	0	−60.62	−8
点 2	33.447	−49.41	−8
点 3	37	−35.5	−8
点 4	37	−10.22	−8
点 5	29.473	39.52	−8
点 6	10.878	61.64	−8
点 7	0	62.5	−8

（6）创建基准平面。选择【插入】—【基准/点】—【基准平面】菜单命令，"类型"选择 XC-ZC 平面，创建基准平面。

（7）创建点。选择【插入】—【基准/点】—【点】菜单命令，"类型"选择"交点"，"平面"选择刚创建完的基准平面，要相交的曲线选择样条曲线 2。确定后即可创建点 1。依此类推，基准平面与样条曲线 4 相交，创建点 2。

（8）创建草图"SKETCH_004"。创建样条曲线 3，选择【样条曲线】命令，根据表 5-6 所列坐标创建。其中，极点 1 选择上一步创建好的点 1，极点 4 选择上一步创建好的点 2。极点 2、极点 3 依据表 5-6 创建。次数为 3 次。创建好的样条曲线 1、2、3、4、5 如图 5-5 所示。

表 5-6　样条曲线 3 的坐标

样条 3	X	Y	Z
参考极点 1	36.204	0	−8
极点 2	35.591	0	−4.218
极点 3	36.434	0	0
参考极点 4	29.905	0	0

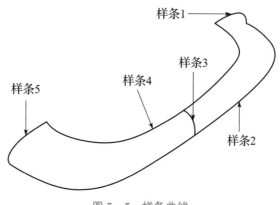

图 5-5 样条曲线

（9）使用【拉伸】命令创建拉伸曲面，要求如下：

- 拉伸截面：样条曲线 2。 ● 拉伸方向：-ZC 轴。

- 拉伸高度："开始"选项选择"值"，"距离"输入"0mm"；"结束"选项选择"值"，距离输入"10mm"。

- 体类型：片体。

拉伸完毕后隐藏"样条曲线 2"，效果如图 5-6 所示。

（10）创建网格曲面。单击"曲面"工具栏的【通过曲线网格】工具按钮或选择【插入】—【网格曲面】—【通过曲线网格】菜单命令，在弹出的对话框中设置参数：

- 选择主曲线：样条曲线 2、样条曲线 4。

- 选择交叉曲线：样条曲线 1、样条曲线 3、样条曲线 5。

- 连续性：样条曲线 4（G0 位置）。

样条曲线 2（G1 相切）——拉伸曲面。

样条曲线 1（G1 相切）——拉伸曲面。

样条曲线 5（G1 相切）——拉伸曲面。

创建完成的网格曲面如图 5-7 所示。

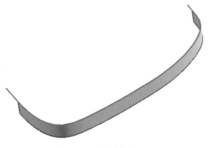

图 5-6 拉伸曲面

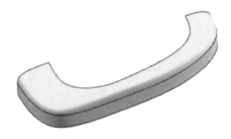

图 5-7 网格曲面

（11）创建镜像几何体。单击"特征"工具栏的【镜像几何体】🐾工具按钮或选择【插入】—【关联复制】—【镜像几何体】菜单命令，在弹出的对话框中设置参数：

- 镜像的几何体：拉伸曲面、网格曲面。
- 镜像平面：*YC-ZC* 平面。

（12）创建有界平面。单击"曲面"工具栏的【有界平面】🖼️工具按钮或选择【插入】—【曲面】—【有界平面】菜单命令，在弹出的对话框中设置参数：

- 选择曲线：样条曲线 4，镜像过样条曲线 4，创建有界平面 1。

按照此方法选择样条曲线 2，镜像过样条曲线 2，创建有界平面 2。

（13）缝合曲面。单击"特征"工具栏的【缝合】工具按钮或选择【插入】—【组合】—【缝合】菜单命令，在弹出的对话框中设置参数：

- 目标片体：选择拉伸曲面。
- 工具片体：选择网格曲面、有界平面 1、有界平面 2。

缝合完成的实体如图 5-8 所示。

（14）使用【拉伸】命令拉伸型腔及边倒圆，要求如下：

- 拉伸截面：样条曲线 4、样条曲线 4 镜像。
- 拉伸方向：*-ZC* 轴。
- 拉伸高度："开始"选项选择"值"，"距离"输入"0mm"；"结束"选项选择"值"，距离输入"5.9mm"。
- 布尔运算方式：求差。　　● 拔模：9 度。

将拉伸后的型腔外边和内部底边进行倒圆角，分别为 *R*1.5 和 *R*2，倒圆角后的模型如图 5-9 所示。

图 5-8　缝合实体　　　　　　　　　图 5-9　拉伸型腔及边倒圆

（15）创建点。使用【点】命令创建 5 个点：点 1 坐标（0，66.9，0）、点 2 坐标（30.1，45.08，0）、点 3 坐标（-30.1，45.08，0）、点 4 坐标（38.7，-42.42，0）、点 5 坐标（-38.7，-42.42，0）。

（16）创建孔。选择【插入】—【曲线】—【直线】菜单命令，在内部刃口创建对角直线。单击"特征"工具栏的【孔】🔲工具按钮或选择【插入】—【设计特征】—
【孔】菜单命令创建螺纹孔，要求如下：

- 类型：常规孔。
- 位置：步骤（15）创建的点 1、2、3、4、5。
- 方向：–ZC 轴。　　　　　　　　　- 形状：简单孔。
- 尺寸：ϕ11.2。　　　　　　　　　- 深度类型：贯通体。
- 布尔运算方式：求差。

创建结果如图 5 - 10 所示。

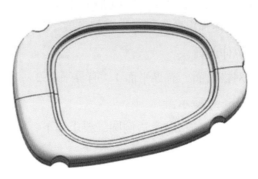

图 5 - 10　砚台模型

🏃 任务拓展

基于本任务所学的建模命令，选取不同造型的砚台进行三维建模，熟练使用曲面网格命令、缝合命令、镜像几何体命令。

二维码

勺子练习图纸

扫一扫　练一练

任务 5　砚台模型建模评测

班级：　　　　姓名：　　　　评测得分：

❓ 1. 请根据本任务所讲的曲面知识回答下列问题。

✏ （1）（　）用于通过一个方向的曲线网格和另一个方向的引导线创建片体特征或实体特征。

A. 曲线网格　　B. 通过曲线组　　C. N 边曲面　　D. 有界平面

✏ （2）（　）是由一组首尾相连的、中间无交叉的平面曲线创建的封闭平面片体。

A. N 边曲面　　B. 有界平面　　C. 填充曲面　　D. 剖切曲面

✏ （3）（　）是按平面进行镜像来复制几何体。

A. 镜像几何体　　　　　　　　B. 阵列几何体

C. 镜像面　　　　　　　　　　D. 镜像特征

✏ （4）（　）是将两个或两个以上的片体缝合到一起，从而创建出组合片体或组合实体。

A. 缝合　　B. 合并　　C. 相交　　D. 减去

❓ 2. 观察下图，在已有选项中找出正确答案。

A. 选择要缝合的基本片体

B. 缝合类型选择

C. 选择与基准片体相连且要缝合的其他片体

❓ 3. 按砚台的建模顺序找出正确答案，填写到表格中。

A. 创建内部型腔及外部 5 个凹槽

B. 镜像几何体

C. 创建网格曲面

D. 创建有界平面、缝合

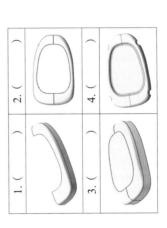

1.（　）	2.（　）
3.（　）	4.（　）

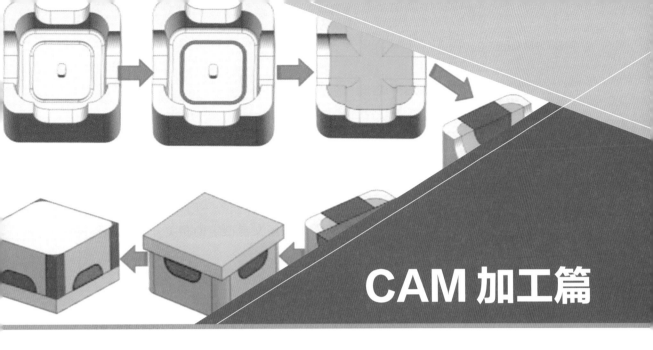

CAM 加工篇

模块 1　文房四宝

● 导读

作为我国传统文化符号之一，文房四宝凝聚着传统文化的精髓，闪耀着独特的艺术光芒，它侧面反映了古代我国文人的思想抱负与审美情趣。这些古代文具既是几千年来我国文人的情结所在，同时又作为一种艺术形式而精彩纷呈，成为我国传统文化的一种象征。本模块基于对 CAD 设计篇中设计的产品的特征进行分析，采用依据成品反推毛坯的工艺方法进行工艺设计。同时，采用 CAM 软件 UG 10.0 对设计工艺进行数控编程。

本模块包含以下 3 个任务：

任务 1　二维轮廓加工——镇尺制作

任务 2　三维凸岛加工——笔架山制作

任务 3　三维型腔加工（一）——砚台制作

● 学习目标

1. 掌握 CAM 加工流程。

2. 掌握 CAM 刻线加工方法。

3. 掌握零件余料划分流程。

4. 掌握凸岛类零件刀具巡行规律。

5. 掌握型腔类零件刀具巡行规律。

6. 掌握孔系加工方法。

● 素养目标

1. 自动编程与手工编程相结合，培养学生具体问题具体分析、透过现象看本质的能力。

2. 通过制作镇尺、笔架山、砚台，使学生了解文房四宝的相关知识，提升文化底蕴。

任务 1　二维轮廓加工——镇尺制作

∧ 任务描述

根据附件"镇尺"图纸，分析镇尺的几何特征，并对比传统手工编程与自动编程的区别，确定合适的编程方法。采用工艺倒推的方式确定镇尺的加工工艺。通过 UG 软件中的加工模块编制镇尺加工程序，用后处理后的程序进行仿真加工，为加工出合格的零件做准备。

∧ 任务目标

☆了解自动编程与手工编程的区别。

☆具备辨别非手工编程的能力。

☆具备对镇尺零件进行工艺倒推的能力。

∧ 知识学习

知识点：

★底壁加工命令　★平面文本命令

1　底壁加工命令

底壁加工命令主要用于零件底面或壁上的多余材料的铣削。选择【插入】—【创建工序】菜单命令，在"类型"中选择【MILL-PLANAR】，"工序子类型"选择【底壁加工】，弹出【底壁加工】对话框，如图 1-1-1 所示。

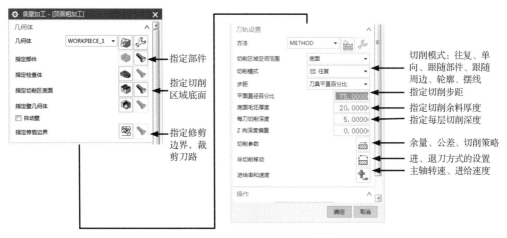

图 1 - 1 - 1　【底壁加工】对话框

2　平面文本命令

有时需要在零件平面上刻字，但刻出来的文字的深度较浅。对此，通常有两个解决方案：

（1）选择【插入】—【工序】—【平面铣】—【平面文本】菜单命令。使用此命令时，平面上的文本务必是 UG【制图】—【注释】文本。否则会出现无法选取文本的情况。

（2）选择【插入】—【工序】—【型腔铣】—【固定轴轮廓铣】菜单命令，使用曲线驱动方式进行加工。使用此命令时，平面上的文本是曲线文本即可。

本任务选择方案（1）进行加工，打开的【平面文本】对话框如图 1 - 1 - 2 所示。

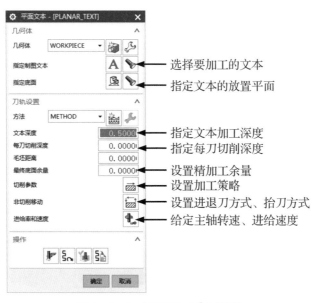

图 1 - 1 - 2　【平面文本】对话框

学习札记

任务实施

二维码

镇尺工艺

1 镇尺工艺方案

（1）镇尺模型分析。根据图 1-1-3 所示，该模型具有如下特征：

- 长、宽、高尺寸：200mm × 34mm × 24.8mm。
- 山形高度：2.8mm。
- 字体深度：0.5mm。

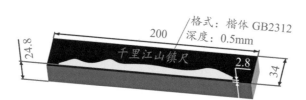

图 1-1-3　镇尺三维模型

（2）手工编程与自动编程。

- 手工编程：适用于几何形状规则、编程计算量和工作量少的零件的编程。
- 自动编程：适用于几何形状复杂、编程计算量和工作量多的零件的编程。

（3）毛坯选择及装夹方案的确定。根据毛坯尺寸应大于等于零件尺寸的原则，选择精毛坯尺寸为：200mm × 34mm × 24.8mm。但是要求这个 6 个面的尺寸公差在两道以内（1 道为 0.01mm），平行度和垂直度公差在两道以内。选取的材料为铝合金，由于毛坯属于块料，因此选取的装夹方式是虎钳装夹，以长边的侧面靠着固定钳口，底面垫铁，零点设置于毛坯的左下角点，以便进行一次性镇尺加工。具体装夹方案如图 1-1-4 所示。

（4）加工余料确定。如图 1-1-5所示，将镇尺的部件和毛坯放在一起进

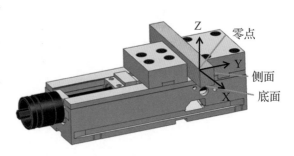

图 1-1-4　镇尺的装夹

行求差，得到的余料如图 1-1-6 所示，这就是需加工的部分。可以将加工顺序划分成两部分：第一部分是山型，第二部分是字体，分别加工。

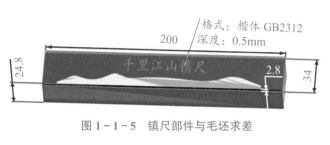

图 1-1-5　镇尺部件与毛坯求差

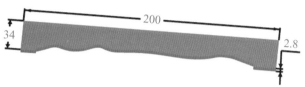

图 1-1-6　镇尺余料整体

（5）余料切削参考。第一部分（山型部分），整个余料约 200mm×34mm×2.8mm，由于厚度比较小，可以选择 ϕ16mm 的立铣刀，采用分层环切的方式进行加工。第二部分（字体部分）的深是 0.5mm，选用 ϕ6mm 的刻字刀，同样采用分层环切的方式进行加工。具体的实现方式如图 1-1-7 所示。

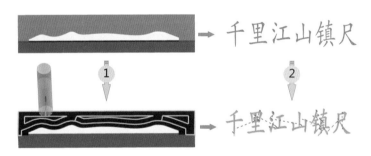

图 1-1-7　余料切削参考

（6）切削参数选择。根据 CAM 电子切削用量选择表确定切削参数，见表 1-1-1。

表 1-1-1　切削参数

刀具名称	刀路	层保（mm）	行距（刀具百分比）	主轴转速（r/min）	进给速度（mm/min）	其他
ϕ16 立铣刀	分层环切	1	75%	2 000	560	粗加工
ϕ16 立铣刀	分层环切	2.8	75%	2 000	50	精加工
ϕ6 刻字刀	分层环切	0.1	75%	3 000	100	

（7）工艺卡。工序的划分原则：工作地点是否发生变化、工作内容是否连续。按工作内容是否连续进行划分，镇尺只需一个工序——铣山型面和刻字加工。结合前述信息，完成的机械加工工艺过程卡片见附件"镇尺机械加工工艺过程卡片"。

（8）工序卡。本工序分为 3 个工步：第一步粗铣平面，第二步精铣平面，第三步刻字。所选用的工艺设备是数控铣床，将每把刀的工艺参数填写到表中，完成的机械加工工序卡片见附件"镇尺机械加工工序卡片"。

镇尺编程 1

镇尺编程 2

镇尺编程 3

2 镇尺编程

（1）编程准备。

1）打开文件及创建毛坯。启动 UG 软件，打开镇尺模型，在底面创建草图"SKETCH_000"，具体尺寸如图 1-1-8 所示。

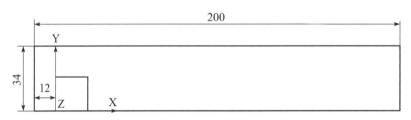

图 1-1-8　毛坯草图

毛坯拉伸要求如下：

● 截面：曲线"草图（1）SKETCH_000"。　● 拉伸方向：+*ZC* 轴。

● 拉伸方式："开始"选项选择"值"，"距离"输入"-2.8mm"；"结束"选项选择"值"，距离输入"22mm"。

● 布尔运算方式：无。

2）创建程序顺序。根据装夹方式创建程序顺序。选择【插入】—【程序】菜单命令，在弹出的【创建程序】对话框中输入名称"镇尺加工"。

3）创建刀具。根据机械加工工序卡片选择所用刀具。选择【插入】—【创建刀具】菜单命令，创建 ϕ16 立铣刀、ϕ6 刻字刀。

4）创建几何体和工件坐标系。按照装夹方式，在 WORKPIECE 中设置部件为镇尺原模型，毛坯为步骤 1）中拉伸的毛坯，将工件坐标系 MCS-MILL 放置在毛坯顶面左下角。

5）创建山型粗、精加工程序。

（2）山型粗加工。

选择【插入】—【创建工序】菜单命令来创建工序，具体要求如下：

- 类型：MILL-PLANAR。
- 工序子类型：底壁加工。
- 程序：镇尺加工。
- 刀具：$\phi16$ 立铣刀。
- 几何体：WORKPIECE。
- 名称：山型粗加工。

单击【确定】按钮，弹出【底壁加工】对话框，按照图 1-1-9 所示设置参数。单击【生成轨迹】按钮，生成的刀具轨迹如图 1-1-10 所示。

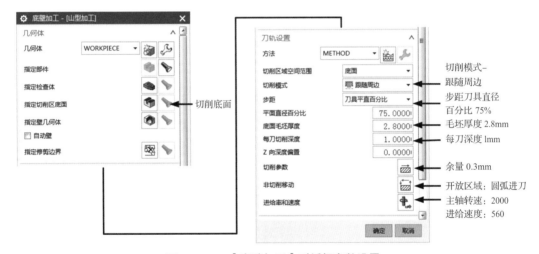

图 1-1-9　【底壁加工】对话框参数设置

图 1-1-10　山型粗加工轨迹

（3）山型精加工。

复制"山型粗加工"子类型，粘贴到"镇尺加工"工序中，右击该子类型，重命名为"山型精加工"，将余量改为"0mm"，每刀切削深度为"3mm"，步距为刀具直径百分比 50%。重新生成刀具轨迹，如图 1-1-11 所示。

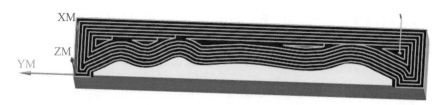

图 1 - 1 - 11　山型精加工轨迹

（4）刻字加工。

选择【插入】—【创建工序】菜单命令来创建工序，具体要求如下：

- 类型：MILL-PLANAR。
- 工序子类型：平面文本。
- 程序：镇尺加工。
- 刀具：$\phi 6$ 刻字刀。
- 几何体：WORKPIECE。
- 名称：刻字加工。

单击【确定】按钮，弹出【平面文本】对话框，在对话框中设置参数。单击【生成轨迹】按钮，生成的刀具轨迹如图 1 - 1 - 12 所示。

图 1 - 1 - 12　平面文本加工轨迹

镇尺环境准备

镇尺工艺实施 1

镇尺工艺实施 2

3　镇尺实训加工

对镇尺进行工艺分析、数控编程，将经过后处理的程序传输到数控机床中进行实操加工，加工过程及加工结果参照任务实施过程。

任务拓展

基于本任务所学知识，掌握自动编程的操作流程。选取其他造型的镇尺应用平面铣、平面文本命令进行分析、编程、加工。

镇尺编程练习

扫一扫　练一练

班级： 姓名： 评测得分：

任务 1 镇尺模型的加工评测

1. 请将下列工辅具实物与对应的名称连线。

筒夹　ER刀柄　拉钉　ER扳手　机用虎钳　等高垫铁

2. 认真观察下面的图样，按要求回答问题。

镇尺

（1）镇尺加工图中 1 坐标系的含义为（　　）。
A. 机床坐标系　　B. 编程坐标系
C. 临时坐标系　　D. 位置坐标系

（2）在自动编程中选用（　　）刀具加工 2 蓝色文字。
A. 立铣刀　　B. 球头铣刀
C. 圆角立铣刀　　D. 刻字刀

（3）在自动编程中选用（　　）刀具加工 3 绿色区域。
A. 立铣刀　　B. 球头铣刀
C. 钻头　　D. 刻字刀

（4）最大切削深度 4 的值为 ＿＿＿＿ mm。

（5）自动编程时，不合理的编程顺序是（　　）。
A. 创建毛坯→创建程序顺序→创建刀具→创建几何体及坐标系→创建工序
B. 创建工序→创建程序顺序→创建刀具→创建几何体及坐标系→创建毛坯
C. 创建毛坯→创建刀具→创建几何体及坐标系→创建程序顺序→创建工序
D. 创建程序顺序→创建毛坯→创建刀具→创建几何体及坐标系→创建工序

任务 2　三维凸岛加工——笔架山制作

任务描述

根据附件"笔架山"图纸，分析图纸的尺寸精度及技术要求，编制笔架山加工工艺，并利用 UG 软件中的加工模块编写笔架山加工程序，模拟仿真，最终在数控铣床上完成加工。

任务目标

☆会编制笔架山的工艺方案。

☆会编写笔架山的加工程序。

知识学习

知识点：

★型腔铣　★二次开粗的 3 种方法：剩余铣、参考刀具、使用基于层的

1　型腔铣

型腔铣是一种等高加工方式，是对零件进行逐层加工，即操作刀具在同一高度内完成一层的切削，再进入下一高度的切削。系统将根据零件在不同深度的截面形状生成刀具轨迹。【型腔铣】对话框如图 1-2-1 所示。

2　型腔铣与平面铣加工的区别

（1）平面铣产生的刀轨的上下各层是基本一致的，且其底面只能是平面，而型腔铣可以根据加工对象的实际形状生成刀轨。

（2）平面铣只在加工对象的表面生成刀轨，而型腔铣则是加工表面之上的所有毛坯材料部分。

3　型腔铣的应用

型腔铣的应用非常广泛，包括大部分零件的粗加工，尤其是形状复杂的零件的粗加

工；设置为轮廓铣削后可以完成直壁或者斜度不大的侧壁的精加工；通过限定高度值，可进行单层平面的精加工；通过限定切削范围，可以进行清角加工。

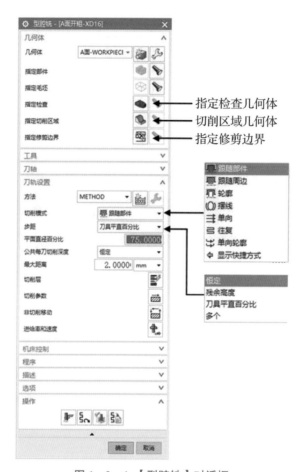

图 1-2-1 【型腔铣】对话框

④ 型腔铣参数

（1）指定检查。用于设置在切削加工过程中需要避让的几何体，如夹具或重要的加工平面。

（2）指定切削区域。指定零件几何体被加工的区域，可以是部件几何体的一部分。不指定切削区域时，将对整个零件进行加工；指定切削区域时，只在切削区域上方生成刀轨。需要进行局部加工时，可以指定切削区域几何体。

（3）指定修剪边界。用于进一步控制需要加工的区域，一般通过设定剪切侧来实现。

（4）切削模式。

切削模式决定了用于加工切削区域的进给方式。选择不同的切削模式可以生成适用于不同结构特点的零件加工刀轨，如图 1-2-2 所示。对于不同的切削模式，刀轨设置选项也会有所区别。

1）跟随部件。根据整个部件几何体并通过偏置来产生刀轨。这些刀轨是封闭的。"跟随部件"方式无须进行"岛清理"的设置，无须指定步距的方向。通常，型腔的步距方向总是向外的，岛屿的步距方向总是向内的。此方式也适用于带有岛屿和内腔的零件的粗加工。

图 1-2-2　切削模式

2）跟随周边。沿切削区域的外轮廓生成刀轨，并通过偏移该刀轨形成一系列同心刀轨，并且这些刀轨都是封闭的。与"跟随部件"切削模式的不同之处在于，它将毛坯几何体、修剪边界几何体等均考虑在内，对形成的切削区域进行偏置。设置参数时需要设定步距的方向是"向内"（外部进刀，步距指向中心）或是"向外"（中间进刀，步距指向外部）。此方式常用于带有岛屿和内腔的零件的粗加工。

3）轮廓。通过创建一条或者指定数量的刀轨来完成零件侧壁或轮廓的切削。可以用于敞开区域和封闭区域的加工，多用于零件的侧壁或者外形轮廓的精加工或者半精加工，也可以用于铸件等余料较为均匀的零件的粗加工。

4）摆线。通过产生一个小的回转圆圈，避免在全刀切入时切削的材料量过大，适用于单件中的狭窄区域、岛屿和部件及两岛屿之间的区域的加工。

5）单向。创建的是一系列沿同一个方向切削的线性刀轨，将保持一致的顺铣或逆铣。刀具从切削刀轨的起点进刀，切削至刀轨的终点，然后退刀，移动至下一刀轨的起点，再进刀进行下一行的切削。特别适用于有一侧开放区域的零件的加工。

6）往复。刀具在切削区域内沿平行直线来回加工，生成一系列"顺铣"和"逆铣"交替的刀轨。用这种方法加工时，刀具在步进的时候始终保持进刀状态，能最大化地对材料进行切除，是最经济和高效的切削方式之一，通常用于型腔的粗加工。

7）单向轮廓。生成与单向切削类似的线性平行刀轨，在前一行的起点下刀，然后沿轮廓切削至当前行的起点，进行当前行的切削，切削到端点时，沿轮廓切削到前一行的端点。常用于对余量要求均匀的零件进行精加工。

（5）步距。步距也称为步进，用于定义两个切削路径之间的水平距离，即两行间或者两环间的距离。可以采用恒定、残余高度、刀具平直百分比和多个方式设置步距，如图 1-2-3 所示。

恒定
残余高度
刀具平直百分比
多个

图 1-2-3　步距

1）恒定。直接指定距离值为步距，这种设置直观明了。如果刀轨之间的指定距离没有均匀分割加工区域，系统会减小刀轨之间的距离，以便保持恒定步距。

2）残余高度。需要输入允许的最大残余波峰高度值，加工后的残余量不超过这一高度值。该方式特别适用于使用球头铣刀进行加工时步距的计算。

3）刀具平直百分比。又称刀具直径百分比，用于在连续切削的刀具轨迹间确定固定距离。

4）多个。可以设定几个不同步距的刀具轨迹数，以提高加工效率。

（6）公共每刀切削深度。用于定义每一层切削的公共深度。

（7）切削参数。切削参数是指与切削运动相关的切削策略、余量、拐角运动方式等选项的参数，合理设置切削参数可以提高效率。

"余量"选项卡如图1-2-4所示。余量指设置完成当前工序后部件上剩余的材料量，相当于将当前的几何体进行偏置。在粗加工时，通常为半精加工或精加工留加工余量，为检查几何体和修剪边界几何体保留足够的安全距离。此外，还可以指定公差，用于限定加工后的表面精度。

图1-2-4 "余量"选项卡

"策略"选项卡如图1-2-5所示。可通过该选项卡设置切削方向，包括"顺铣"和"逆铣"。其中，顺铣表示刀具的旋转方向与进给方向一致；逆铣则表示刀具的旋转方向与进给方向相反，如图1-2-6、图1-2-7所示。

图1-2-5 "策略"选项卡

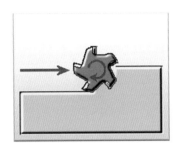

图 1-2-6　顺铣

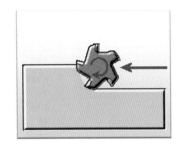

图 1-2-7　逆铣

还可在"策略"选项卡中设置切削顺序。"切削顺序"列表框用于指定含有多个区域和多个层的刀轨切削顺序。切削顺序有"层优先"和"深度优先"两个选项。

● 层优先：刀具先在一个深度上切削所有外形边界，再进行下一个深度的切削，在切削过程中，刀具在各个切削区域间不断转换，如图 1-2-8 所示。

● 深度优先：按区域进行切削，加工完成一个切削区域后再转移至下一切削区域，如图 1-2-9 所示。

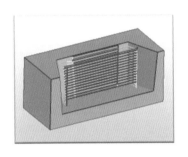

图 1-2-8　层优先

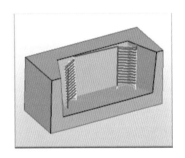

图 1-2-9　深度优先

（8）非切削移动。非切削移动是在切削运动之前、之后以及之间对刀具进行定位的移动，用于指定切削加工以外的移动方式，如进刀与退刀、区域间的连接方式、切削区域起始位置、避让、刀具补偿等。非切削移动可控制如何将多个刀轨段整合为一道工序的完整刀轨。

"进刀"选项卡用于定义刀具在切入零件时的距离和方向，如图 1-2-10 所示。进刀分为封闭区域和开放区域，可以为初始封闭区域与初始开放区域设置不同的进刀方向。其中，封闭区域是指刀具到达当前切削层之前必须切入的材料中的区域，尽量选择"螺旋"下刀，进刀路线将以螺旋方式渐近。开放区域是指刀具在当前切削层可以凌空进入的区域，也就是说毛坯材料已被去除，在进刀过程中不会产生切削动作的区域。粗加工或者半精加工时，应优先使用"线性"方式，精加工时应采用"圆弧"方式，尽可能减少进刀痕。

图 1 - 2 - 10 "进刀"选项卡

　　"转移／快速"选项卡用于指定如何从一个切削刀具轨迹移动到另一个切削刀具轨迹。"区域之间"的选项为两个或多个切削区域在完成进退刀时的移动策略，如图 1 - 2 - 11 所示。

图 1 - 2 - 11 "转移／快速"选项卡

- 安全距离：退刀至"安全设置"中指定的平面高度。
- 前一平面：刀具将抬高到前一切削层上的垂直距离高度。

- 直接：不提刀，直接连接至下一切削起点。
- Z向最低安全距离：抬刀至最小安全值，并保证与工件有最小安全距离。
- 毛坯平面：抬刀至毛坯平面之上。

通常，上述选项的抬刀高度是渐次增加的。设置区域之间的传递方式时必须考虑其安全性。

（9）进给率和速度。该对话框用于指定主轴转速和进给率，如图1-2-12所示。创建工序时，进给率和主轴速度选项是必须进行设置或确认的。切削进给率直接影响加工质量和加工效率。一般来说，同一刀具在同样转速下，进给率越高，得到的加工表面质量越差。实际加工时，进给率与机床、刀具系统及加工环境等有很大关系，需要不断地积累经验方能准确设置。

图 1-2-12 【进给率和速度】对话框

5 二次开粗

（1）剩余铣。剩余铣用于加工前一刀具切削后残留的材料，如图1-2-13所示。这种方式常用于加工形状较复杂、凹角较多的工件。剩余铣会自动将前步操作执行后残余的材料作为毛坯进行加工，如果编辑了前面的任一操作，剩余铣的刀轨就需要重新生成。

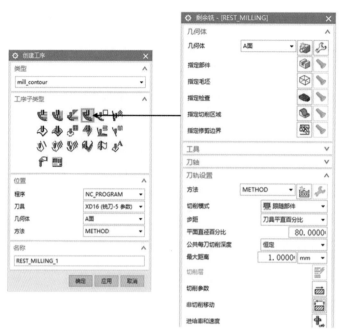

图 1-2-13　剩余铣

（2）参考刀具。可在"参考刀具"下拉列表中直接选择刀具，以进行二次开粗，如图 1-2-14 所示。如果前面的加工是用相对较大的刀具进行的，则工件角落会有剩余材料；如果选择的刀具底圆角半径较大，则工件的壁和底面之间会有剩余材料。只对这一部分剩余材料进行加工时，需要指定参考刀具，将生成的刀具轨迹限制在拐角区域内。

图 1-2-14　参考刀具

（3）使用基于层的。在"处理中的工件"下拉列表中可以选择对前一道工序余留下来的工件材料的处理方法，以便高效地切削前面操作中留下的余料，如图 1 - 2 - 15 所示。在同一几何体组中使用之前型腔铣和深度加工工序的切削区域，比 3D IPW（IPW 为前一把刀的加工后的形状）更快，通常也更规则。

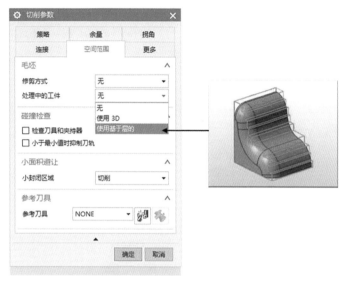

图 1 - 2 - 15　使用基于层的

学习札记

任务实施

1　编制工艺方案

笔架山工艺 1

笔架山工艺 2

笔架山工艺 3

（1）笔架山零件结构分析。

根据图 1-2-16 所示，笔架山由底座和
山形两个部分组成。模型极限尺寸为 100mm×
18mm×45mm，底座尺寸为 100mm×18mm×
8mm；圆角为 R5mm 和 R0.5mm；倒斜角 C2。

（2）工序划分。

通过对产品模型和毛坯的比较可以看出，笔
架山加工的总余料具有以下特点：1）尺寸较大，

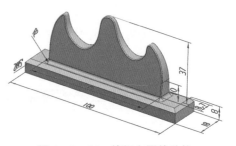

图 1-2-16　笔架山零件结构

已经大于最终产品的体积；2）薄厚不均，最厚处 37mm、最薄处 2.6mm；3）形状不规
则。余料结构如图 1-2-17 所示。

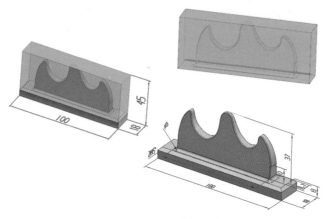

图 1-2-17　余料结构

考虑到刀具切削负荷和装夹刚性等因素的限制，需要分多次去除余料以保证产品质
量和加工过程的可靠性。

因此，本任务划分为粗加工和精加工两道工序：粗加工工序用于去除大部分余
料；精加工工序用于确保加工结果符合技术要求。粗加工和精加工工序余料划分如
图 1-2-18 所示。

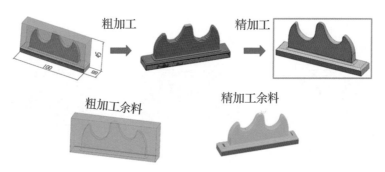

图 1-2-18　粗加工和精加工工序余料划分

粗加工过程除了要去除大量余料外，还需尽可能为精加工预留均匀分布的余量，以确保精加工过程刀具负荷的均匀稳定。精加工过程应按照零件轮廓曲面的结构特点，做好刀具路径的合理排布，以满足产品质量要求。

（3）装夹方案的确定。

按照毛坯不小于部件极限尺寸的原则，选取毛坯的尺寸为 $100mm \times 18mm \times 45mm$；其 6 个面的成型尺寸和形位精度均需控制在 $0.02mm$ 以内，表面粗糙度在 $Ra1.6$ 以下。

从零件自身结构看，采用底座的底面和侧面作为定位基准较为合适，形成的 4 种装夹方案如图 1 - 2 - 19、图 1 - 2 - 20、图 1 - 2 - 21、图 1 - 2 - 22 所示。

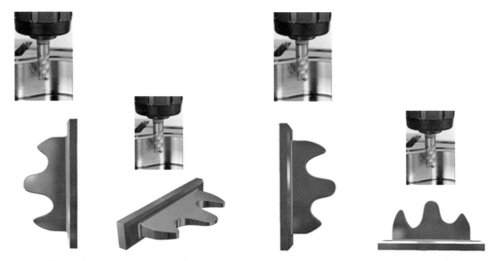

图 1 - 2 - 19　装夹方案 1　　图 1 - 2 - 20　装夹方案 2　　图 1 - 2 - 21　装夹方案 3　　图 1 - 2 - 22　装夹方案 4

本任务采用如图 1 - 2 - 22 所示的方案，可使零件以"直立"姿态装夹，以确保所有表面均能在一次装夹中完成加工，其他装夹姿态均存在刀具无法完成全部表面切削的情况。工件以"直立"姿态在机用虎钳中的装夹效果如图 1 - 2 - 23 所示。另外，考虑到对刀验证方便，将编程零点放在顶面角点。

（4）粗加工。

1）余料分析。通过毛坯与模型的切减可获得余料结构，对加工余料分析可知，笔架山零件只需要一次装夹便可完成粗、精加工，如图 1 - 2 - 24 所示。

2）刀具选用。在粗加工过程中，首先需要解决刀具选用的问题。

若选用大尺寸刀具，去除余量快、加工效率高，但存在残留材料较多且分布不均的问题，影响精加

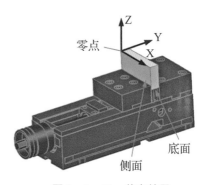

图 1 - 2 - 23　装夹效果

工刀具负荷的均匀性，对于保证产品精度不利，如图 1－2－25 所示。如图 1－2－26 所示为采用 ϕ16 立铣刀加工的情况。

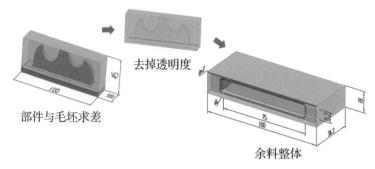

图 1－2－24　余料分析

图 1－2－25　大尺寸铣刀余料

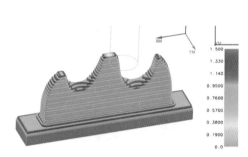

图 1－2－26　ϕ16 立铣刀，切削时间 21 分

若选用小尺寸刀具，可以保证精加工余量较均匀，却降低了加工效率，如图 1－2－27 所示为采用 ϕ6 球头铣刀加工的情况。

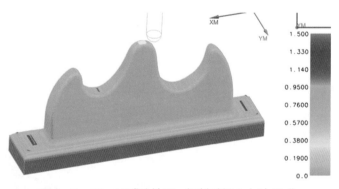

图 1－2－27　ϕ6 球头铣刀，切削时间 1 小时 17 分

本任务选用大尺寸刀具进行一次粗加工，再用小尺寸刀具进行二次开粗，以取得"粗加工效率"和"精加工余量均匀"两个要求的平衡。

3）工步划分。

①使用 $\phi16$ 立铣刀以分层环切的方式去除大部分余料，如图 1-2-28 所示。由于加工区域都是开放的，因此容易排屑且工况稳定。

②采用 $\phi6$ 球头铣刀进行分层环切，主要针对 $\phi16$ 立铣刀的加工盲区实施二次开粗，如图 1-2-29 所示。

③如图 1-2-30 所示的绿色部分为粗加工余料，黄色部分为二次粗加工余料。

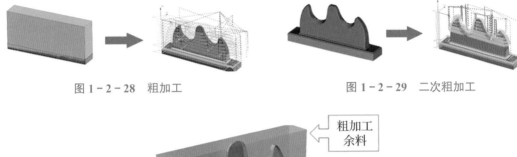

图 1-2-28 粗加工 　　　　　　　　　　　　图 1-2-29 二次粗加工

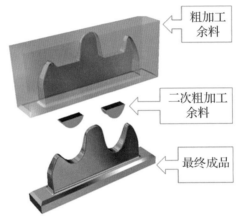

图 1-2-30 粗加工余料划分

切削参数选择。根据 CAM 电子切削用量选择表确定切削参数，见表 1-2-1。

表 1-2-1 粗加工切削参数

刀具名称	刀路	层深（mm）	行距（刀具百分比）	主轴转速（r/min）	进给速度（mm/min）	其他
$\phi16$ 立铣刀	分层环切	1.5	75%	1 000	200	
$\phi6$ 球头铣刀	分层环切	0.5	75%	2 800	700	

（5）精加工。

1）笔架山曲面结构。根据零件表面结构特点可以划分为 4 个部分，形成 4 个加工步骤：基座上表面——平面；山顶轮廓面——三维曲面；山形侧面——拔模斜面；基座倒角面——倒角斜面，如图 1-2-31 所示。

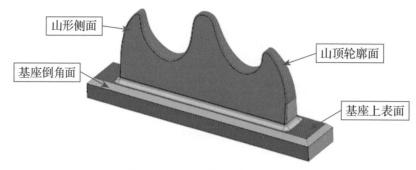

图 1 - 2 - 31 精加工步骤及余料

2）刀具选用。按照各个表面的结构特征选择合适的刀具。

①基座上表面——平面，选用 ϕ16 立铣刀；②山顶轮廓面——三维曲面，选用 ϕ6 球头铣刀；③山形侧面——拔模斜面，选用 ϕ6 球头铣刀；④基座倒角面——倒角斜面，选用 ϕ6 球头铣刀。

3）精加工工步。

①基座上表面，ϕ16 立铣刀等距环切，余料如图 1 - 2 - 32 所示。②山顶轮廓面，ϕ6 球头铣刀等距行切，余料如图 1 - 2 - 33 所示。③山形侧面，ϕ6 球头铣刀等距环切，余料如图 1 - 2 - 34 所示。④基座倒角面，ϕ6 球头铣刀等距环切，余料如图 1 - 2 - 35 所示。

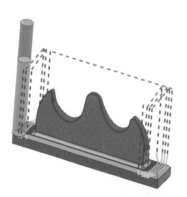

图 1 - 2 - 32 平面精加工余料

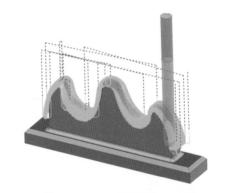

图 1 - 2 - 33 曲面精加工余料

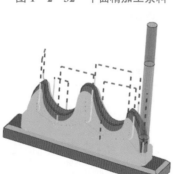

图 1 - 2 - 34 倾斜面精加工余料

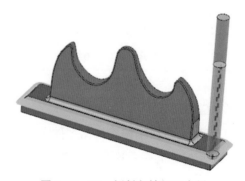

图 1 - 2 - 35 倒斜角精加工余料

由于第②步、第③步、第④步采用的是相同刀具并在一次装夹中完成，所以合并成一个工步，精加工刀具轨迹如图1-2-36所示。

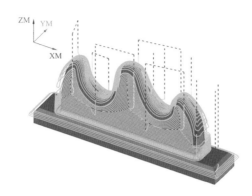

图1-2-36　精加工刀具轨迹

4）切削参数选择。根据CAM电子切削用量选择表确定切削参数，见表1-2-2。

表1-2-2　精加工切削参数

刀具名称	刀路	层深（mm）	行距（刀具百分比）	主轴转速（r/min）	进给速度（mm/min）	其他
ϕ16立铣刀	等距环切	0.1	20%	1 400	56	
ϕ6球头铣刀	等距行切	0.1	20%	2 800	80	
ϕ6球头铣刀	等距环切	0.1	20%	2 800	80	
ϕ6球头铣刀	等距环切	0.1	20%	2 800	80	

（6）工艺卡。

1）工艺过程。根据前面的分析结果，笔架山的工艺过程共分为2道工序、4个工步，如图1-2-37所示。

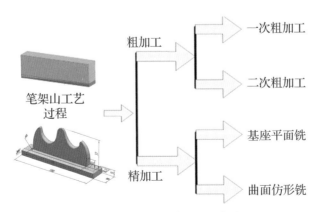

图1-2-37　粗、精加工工艺过程

2）按照上述设计填写机械加工工艺过程卡片。粗、精加工装夹方法不变，工件位置姿态不动，按位置将具体切削参数填写在表格内。以精加工为例，机械加工工艺过程卡片见附件"笔架山机械加工工艺过程卡片"。

（7）工序卡。

主要填写工序卡中的工艺信息，包括各个工步的主轴转速、切削速度、进给量、切削深度以及进给次数等，机械加工工序卡片见附件"笔架山机械加工工序卡片"。

笔架山编程 1

笔架山编程 2

2 笔架山编程

（1）编程准备。

1）打开文件，创建毛坯。启动 UG 软件，打开笔架山模型，以笔架山底面为草图平面，创建草图"SKETCH_004"，具体尺寸如图 1 - 2 - 38 所示。

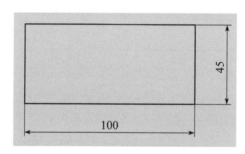

图 1 - 2 - 38　毛坯草图

拉伸毛坯要求如下：

● 截面：曲线"草图 SKETCH_004"。　● 拉伸方向：+ZC 轴。

● 拉伸方式："开始"选项选择"值"，"距离"输入"0mm"；"结束"选项选择"值"，距离输入"18mm"。

● 布尔运算方式：无。

2）创建程序顺序。根据装夹方案创建程序顺序。选择【插入】—【程序】菜单命令，在弹出的【创建程序】对话框中输入名称"笔架山加工"。

3）创建刀具。根据机械加工工序卡片创建所用刀具。选择【插入】—【创建刀具】菜单命令。创建 ϕ16 立铣刀、ϕ8 立铣刀、ϕ4 立铣刀、ϕ6 球头铣刀。

4）创建几何体和工件坐标系。按照装夹方案，在 WORKPIECE 中设置好部件和毛坯，将工件坐标系 MCS-MILL 放置在毛坯顶面角点位置。

（2）创建工序——笔架山粗、精加工。

1）笔架山粗加工。选择【插入】—【创建工序】菜单命令，要求如下：

- 类型：MILL-CONTOUR。
- 程序：笔架山加工。
- 几何体：WORKPIECE。
- 工序子类型：型腔铣。
- 刀具：ϕ16 立铣刀。
- 名称：笔架山粗加工。

单击【确定】按钮，在弹出的【型腔铣】对话框中设置参数，要求如下：

- 切削模式：跟随部件。
- 公共每刀切削深度：恒定。
- 余量：0.6mm。
- 主轴转速：1000r/min。
- 步距：刀具直径百分比 75%。
- 最大距离：1.5mm。
- 开放区域：圆弧进刀。
- 进给速度：200mm/min。

单击【生成轨迹】按钮，生成的刀具轨迹如图 1‐2‐39 所示。

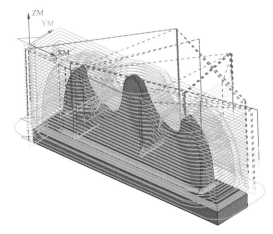

图 1‐2‐39　粗加工轨迹

2）笔架山二次粗加工。选择【插入】—【创建工序】菜单命令，要求如下：

- 类型：MILL-CONTOUR。
- 程序：笔架山加工。
- 几何体：WORKPIECE。
- 工序子类型：剩余铣。
- 刀具：ϕ4 立铣刀。
- 名称：笔架山二次粗加工。

单击【确定】按钮，在弹出的【剩余铣】对话框中设置参数，要求如下：

- 切削模式：跟随部件。
- 公共每刀切削深度：恒定。
- 余量：0.2mm。
- 主轴转速：2800r/min。
- 步距：刀具直径百分比 75%。
- 最大距离：1mm。
- 开放区域：圆弧进刀。
- 进给速度：700mm/min。

单击【生成轨迹】按钮，生成的刀具轨迹如图 1 - 2 - 40 所示。

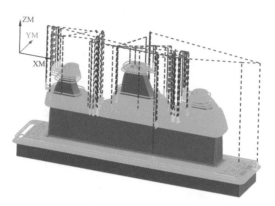

图 1 - 2 - 40　二次粗加工轨迹

3）笔架山底座上平面精加工。选择【插入】—【创建工序】菜单命令，要求如下：

- 类型：MILL-PLANAR。
- 工序子类型：底壁加工。
- 程序：笔架山加工。
- 刀具：φ16 立铣刀。
- 几何体：WORKPIECE。
- 名称：笔架山底座上平面精加工。

单击【确定】按钮，在弹出的【底壁加工】对话框中设置参数，要求如下：

- 指定切削区域：选择底座上表面。
- 切削区域空间范围：底面。
- 切削模式：往复。
- 步距：刀具直径百分比 20%。
- 底面毛坯厚度：0.3mm。
- 余量：0mm。
- 主轴转速：1400 r/min。
- 进给速度：56mm/min。

单击【生成轨迹】按钮，生成的刀具轨迹如图 1 - 2 - 41 所示。

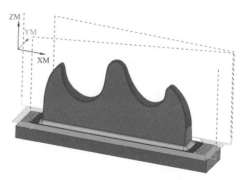

图 1 - 2 - 41　底壁加工轨迹

4）笔架山曲面精加工。选择【插入】—【创建工序】菜单命令，要求如下：

- 类型：MILL-CONTOUR。
- 工序子类型：固定轮廓铣。
- 程序：笔架山加工。
- 刀具：φ6R3 球头铣刀。
- 几何体：WORKPIECE。
- 名称：笔架山曲面精加工。

单击【确定】按钮，在弹出的【固定轮廓铣】对话框中设置参数，要求如下：

- 指定切削区域：山形部分。
- 非陡峭切削模式：跟随周边。
- 步距：残余高度 0.02mm。
- 主轴转速：2800 r/min。
- 驱动方法：区域铣削。
- 刀具轨迹方向：向内。
- 余量：0mm。
- 进给速度：80mm/min。

单击【生成轨迹】按钮，生成的刀具轨迹如图 1 - 2 - 42 所示。

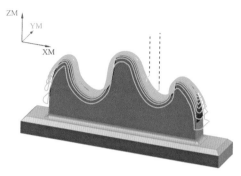

图 1 - 2 - 42　曲面精加工轨迹

5）笔架山斜面精加工。选择【插入】—【创建工序】菜单命令，要求如下：

- 类型：MILL-CONTOUR。
- 程序：笔架山加工。
- 几何体：WORKPIECE。
- 工序子类型：固定轮廓铣。
- 刀具：$\phi 6R3$ 球头铣刀。
- 名称：笔架山斜面精加工。

单击【确定】按钮，在弹出的【固定轮廓铣】对话框中设置参数，要求如下：

- 指定切削区域：笔架山两侧斜面。
- 切削模式：跟随周边。
- 步距：残余高度 0.02mm。
- 主轴转速：2800 r/min。
- 驱动方法：区域铣削。
- 刀具轨迹方向：向内。
- 余量：0mm。
- 进给速度：80mm/min。

单击【生成轨迹】按钮，生成的刀具轨迹如图 1 - 2 - 43 所示。

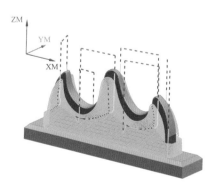

图 1 - 2 - 43　斜面精加工轨迹

6）笔架山倒角精加工。选择【插入】—【创建工序】菜单命令，要求如下：

- 类型：MILL-CONTOUR。
- 工序子类型：固定轮廓铣。
- 程序：笔架山加工。
- 刀具：$\phi 6R3$ 球头铣刀。
- 几何体：WORKPIECE。
- 名称：笔架山倒角精加工。

单击【确定】按钮，在弹出的【固定轮廓铣】对话框中设置参数，要求如下：

- 指定切削区域：笔架山两侧斜面。
- 驱动方法：区域铣削。
- 切削模式：跟随周边。
- 刀具轨迹方向：向内。
- 步距：残余高度 0.02mm。
- 余量：0mm。
- 主轴转速：2800 r/min。
- 进给速度：80mm/min。

单击【生成轨迹】按钮，生成的刀具轨迹如图 1－2－44 所示。

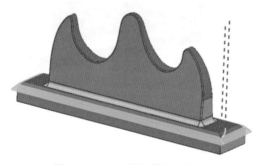

图 1－2－44　倒角精加工轨迹

笔架山实操加工 1　　笔架山实操加工 2

3　笔架山加工实操

在对笔架山进行工艺分析、数控编程之后，将经过后处理的程序传输到数控机床中，进行实操加工，加工过程及加工结果参照实操视频。

笔架编程练习

 任务拓展

基于本任务所学的型腔铣、剩余铣、固定轴轮廓铣等方法中的参数设置及应用，选取其他凸岛类零件进行练习。

扫一扫　练一练

任务 2　笔架山加工评测

班级：　　　　姓名：　　　　评测得分：

❓ 1. 请根据笔架山的余料划分情况回答下列问题。

📝（1）笔架山在粗加工过程中，余料根据（　　）的需要，划分为两部分。

A. 刀具选择　　　　B. 余料厚度
C. 装夹次数　　　　D. 刀具轨迹制作

📝（2）笔架山粗加工余料划分后，加工效率（　　）。

A. 提高　　　　B. 降低
C. 不变　　　　D. 不确定

📝（3）根据余料的情况，粗加工刀具为（　　），二次粗加工刀具为（　　）。

A. 面铣刀　　　　B. 刀头圆角铣刀
C. 立铣刀　　　　D. 麻花钻

❓ 2. 观察下面的图样，按要求回答问题。

📝（1）山顶面精加工的时候，根据曲面的结构，（　　）的刀具轨迹结构。

A. 左侧　　　　B. 右侧
C. 先左后右　　　　D. 先右后左

📝（2）左侧刀具路径选择的是（　　），右侧刀具路径选择的是（　　）。

A. 等距环切　　　　B. 等距行切
C. 分层环切　　　　D. 分层行切

任务 2

任务 2　笔架山加工评测

? 3. 看图指出每个表面精加工所选用的刀具。

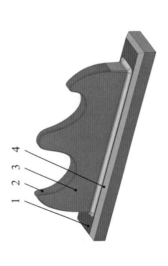

✍ 图中位置 1：底座上表面选用刀具为（　　），主轴转速为（　　）r/min，进给速度为（　　）mm/min；

✍ 图中位置 2：山形上表面选用刀具为（　　），主轴转速为（　　）r/min，进给速度为（　　）mm/min；

✍ 图中位置 3：山形侧表面选用刀具为（　　），主轴转速为（　　）r/min，进给速度为（　　）mm/min；

✍ 图中位置 4：底座倒角面选用刀具为（　　），主轴转速为（　　）r/min，进给速度为（　　）mm/min。

刀具：A. ϕ16 立铣刀　　　B. ϕ80 面铣刀　　　C. ϕ6 球头铣刀　　　D. ϕ8 立铣刀

转速：A. 1400　　　B. 2800　　　C. 800　　　D. 280

进给速度：A. 80　　　B. 56　　　C. 400　　　D. 150

任务3 / 三维型腔加工（一）——砚台制作

人 任务描述

　　根据附件"砚台 1""砚台 2"图纸，分析图纸的尺寸精度及技术要求，编制砚台加工工艺，并利用 UG 软件中的加工模块编写砚台加工程序，模拟仿真，最终在数控铣床上完成加工。

人 任务目标

　　☆会编制砚台的加工工艺。
　　☆会编写砚台的加工程序。

人 知识学习

　　知识点：
　　★孔加工　★固定轮廓铣——曲线驱动

1 孔加工

　　钻孔加工过程中的刀具运动由三步组成：刀具快速定位至加工位置；切入零件；完成切削后退回。每个部分可以定义不同的运动方式，因此就有不同的钻孔指令，包括 G71 ～ G89 的固定循环指令。使用 CAM 软件进行钻孔程序的编制，可以直接生成完整程序，在孔的数量较大时自动编程有明显的优势。另外，对于孔的位置分布较为复杂的工件，使用 Siemens NX 10.0 可以生成一个程序来完成所有孔的加工，而使用手工编程的方式则较难实现。

　　NX 的钻孔加工功能可以创建钻孔、攻螺纹、镗孔、平底扩孔和扩孔等操作的刀轨。

　　在【创建工序】对话框的"类型"下拉列表中选择" drill"，"工序子类型"选择"钻孔"，如图 1 - 3 - 1 所示。系统弹出【钻孔 -DRILLING 】对话框，如图 1 - 3 - 2 所示，"循环类型"选项组的"循环"列表中包含了 UG 中常用的孔加工循环类型，具体见表 1 - 3 - 1。

图 1 – 3 – 1 【创建工序】对话框

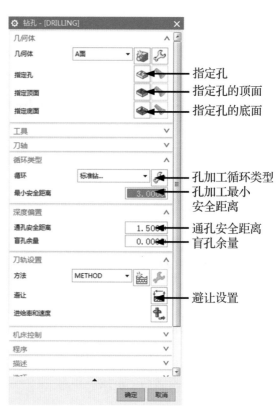

图 1 – 3 – 2 【钻孔 – DRILLING】对话框

表 1 – 3 – 1　孔加工循环类型

序号	选项	输出循环指令	序号	选项	输出循环指令
1	无循环	取消循环 G80	8	标准断屑钻	G83
2	啄钻	G00 和 G01	9	标准攻丝	G84
3	断屑	无对应循环指令	10	标准镗	G85
4	标准文本	无对应循环指令	11	标准镗、快进	G86
5	标准钻	G81	12	标准镗、横向偏置后退	G76
6	标准沉孔钻	G82	13	标准背镗	G87
7	标准钻、深度	G73	14	标准镗、手工退刀	G88

　　钻孔加工的几何体包括钻孔点与表面、底面，其中钻孔点是必须选择的，选择钻孔点时可以指定不同的循环参数组。

　　（1）指定孔。在【钻孔 -DRILLING】对话框中单击【指定孔】  按钮，弹出如图 1 – 3 – 3 所示的【点到点几何体】对话框，可通过该对话框中的相应选项指定钻孔加工的加工位置、优化刀具路径、指定避让选项等。

1）"选择"选项。用于选择对象，指定孔中心的位置。如果没有指定孔的位置，选择该选项后系统会弹出如图 1-3-4 所示的【选择孔】对话框；如果已经指定孔的位置，选择该选项后系统会弹出【加工位置】对话框，供用户确认是在原来选择的基础上添加其他孔，还是重新选择。

图 1-3-3　【点到点几何体】对话框　　　　　图 1-3-4　【选择孔】对话框

- Cycle 参数组 -1：该选项用于为不同的参数组选择孔，选项上显示的是当前激活的参数组的名称。如图 1-3-4 所示，激活的参数组是 "Cycle-1"，表示可为该参数组选择孔。

- 一般点：选择该选项，系统会弹出【构造器】对话框，可通过在图形上选择特征点或者直接设置坐标值来指定一点作为加工位置。

- 组：将已经建好的点组作为当前操作孔的位置。

- 类选择：选择该选项，系统会弹出【类选择】对话框，可以设定过滤条件，达到快速选择的目的。

- 面上所有孔：选择该选项，可以通过设置直径范围直接在模型上选择表面，将所选表面上各孔的中心指定为加工位置。

- 预钻点：将在平面铣或型腔铣中产生的预钻进刀点指定为加工位置。

- 最小直径与最大直径：这两个选项是其他选项的限制条件，不单独起作用。

- 选择结束：相当于单击【确定】按钮。

- 可选的：选择点的限制选项。

2）"附加"选项。选择加工位置后，可以通过该选项添加加工位置，其选择方式与选择点相同。

3）"省略"选项。用于忽略之前选定的点，生成刀轨时，系统将不考虑在"省略"选项中选定的点。

4）"优化"选项。优化刀具路径，重新指定所选加工位置在刀具路径中的顺序。通过优化可得到最短刀具路径或者按指定的方向排列。

5）"显示点"选项。允许用户在使用包含、忽略、避让或优化选项后验证导轨点的选择情况。系统将按新的顺序显示各加工点的加工序号。

6）"避让"选项。设置刀具在运动过程中应该避免干涉的面。

7）其余选项不常用。

（2）指定顶面。指定刀具切入材料的位置，即钻孔加工的起始位置。通常，指定钻孔点时，默认的起始高度为点所在的高度，当需要统一高度加工时，可以通过该选项指定起始位置。

（3）指定底面。指定钻孔加工的结束位置，当钻孔的深度选项设置为"穿过底面"时，需要以底面为参考。

（4）钻孔循环参数设置。选择了循环类型后，即可设定循环参数或多个循环参数组，多个循环参数组可实现在一个钻孔刀具轨迹中有不同的循环参数与刀轨中不同的点或点群相关联。这样就可以在同一刀轨中钻出不同深度的孔，或者使用不同的进给速度来加工一组孔，以及设置不同的抬刀方式。

单击循环类型后的编辑按钮，系统弹出【指定参数组】对话框，设定参数组的个数后单击【确定】按钮，系统弹出【Cycle 参数】对话框，可对每个参数组设置相关的循环参数。设置完一个循环参数组后，单击【确定】按钮即可进行下一组参数的设置，如图 1-3-5 所示。

1）"Depth"选项。单击【Depth-模型深度】按钮，系统将弹出【Cycle 深度】对话框，如图 1-3-6 所示，可设定孔的底部位置。

2）进给率。设置当前参数组的钻削进给速度，对应于钻孔循环中的 F_ 指令。

3）Dwell（暂停）。暂停时间是指刀具钻孔加工至孔的底部时的停留时间，对应于钻孔循环中的 P_ 指令。

4）Rtrcto（退刀至）。刀具钻孔至指定深度后退回的高度，包含 3 个选项：距离、自动、设置为空。

● 距离：可以将退刀距离指定为固定距离。

● 自动：可以退刀至当前循环之前的上一位置。

● 设置为空：退刀到安全间隙位置。

图 1-3-5　钻孔循环参数设置　　　　　图 1-3-6　钻孔循环深度设置

5）Step 值（步进）。步进仅用于钻孔循环为"标准断屑钻"或"标准钻，深度"方式，表示每次工进的深度值，对应于钻孔循环中的 Q_ 指令。

（5）最小安全距离。用于指定转换点，刀具由快速运动或进给运动变为切削速度运动，该值即指令中的 R_ 值。

（6）深度偏置。"盲孔余量"用于指定钻盲孔时孔的底部保留的材料量，"通孔安全距离"用于设置穿过加工底面的穿透量，以确保孔被钻穿。

（7）避让。用于指定非切削运动。包括起始点、返回点、终止点、安全平面、低限平面等选项，通常只需要设置"安全平面"选项。

2 固定轮廓铣

固定轮廓铣操作是 UG 加工的精髓，是 UG 精加工的主要操作内容。固定轮廓铣操作的原理是，首先通过驱动几何体产生驱动点，然后将驱动点投影到工件几何体上，再通过工件几何体上的投影点计算出刀位轨迹点，最后通过所有刀位轨迹点和设定的非切削运动计算出所需的刀位轨迹。固定轮廓铣的驱动和加工方法有很多，可以生成多种精加工刀位轨迹。

（1）固定轮廓铣的特点。

1）刀具沿复杂的曲面进行三轴联动，常用于半精加工和精加工，也可用于粗加工。

2）可设置灵活多样的驱动方式和驱动几何体，从而得到简捷而精准的刀位轨迹。

3）提供了智能化的清根操作。

4）非切削方式设置灵活。

（2）固定轮廓铣的参数设置。固定轮廓铣最关键的参数是驱动方式、切削参数，以及非切削运动的应用。固定轮廓铣包含 11 种驱动方式，配合多种切削图样、切削类型和投影矢量，可以生成多种多样的刀轨。

1）相关概念。

①工件几何体：被加工的几何体，可以选择实体和曲面。

②驱动几何体：用于产生动点的几何体，可以是在曲线上产生的一系列动点，也可以选择点、曲线，以及曲面上一定面积内产生阵列的驱动点。

③驱动方式：驱动点产生的方法。可以是在曲线上产生一系列驱动点，也可以是在曲面上一定面积内产生阵列的驱动。

④投影矢量：定义驱动点投影到工件几何体上的投影方向。

⑤驱动点：从驱动几何体上产生，按定义的投射矢量投影到工件几何体上的点。

⑥非切削运动：定义进退刀和未切削工件时的刀具移动。

2）驱动方法——曲线驱动。用选择的曲线或点来驱动在零件上生成的刀具轨迹，通常用于在零件表面雕刻标记。

3）切削参数。熟悉固定轮廓铣操作的参数，可以生成更好的刀轨。常用参数设置方法如下：

①在凸角上延伸：此参数用于控制当刀具跨过工件内部的边缘时，不随边缘滚动，使刀具避免始终压住凸边缘，如图 1-3-7 所示。此时刀具不执行进刀／退刀操作，只稍微抬起。在指定的最大凸角外，不再发生抬刀现象。

②在边上延伸：此参数用于控制当工件侧面还有余量时，刀具在工件表面加工而不会在边缘处留下毛边，如图 1-3-8 所示。此时刀位轨迹沿工件边缘延伸，使被加工的表面完整光顺。

③在边缘滚动刀具：选择此参数，刀具路径延伸到工件表面以外，在边缘处滚动，具体如图 1-3-9 所示。由于刀具向下滚动，因此可能会在边缘处产生过切。

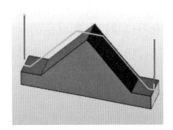

图 1-3-7　在凸角上延伸

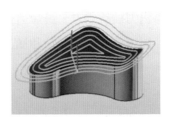

图 1-3-8　在边上延伸

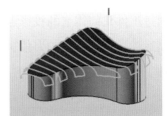

图 1-3-9　在边缘滚动刀具

学习札记

任务实施

1 编制工艺方案

（1）模型特征如图 1 - 3 - 10 所示。模型极限尺寸为 121mm × 74mm × 18mm；型腔侧壁拔模角度为 9°；型腔内轮廓最小半径为 R13.5mm；型腔内凹曲面最小半径为 R2.2mm；型腔最大深度为 6mm；外轮廓曲面最小半径为 R6.2mm。

二维码

二维码

砚台工艺 1　　　砚台工艺 2

（2）毛坯及装夹方案的确定。

1）毛坯尺寸为 125mm × 77mm × 20mm，如图 1 - 3 - 11 所示。

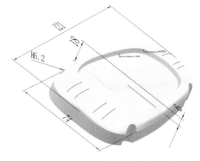

图 1 - 3 - 10　模型相关尺寸

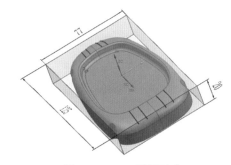

图 1 - 3 - 11　毛坯尺寸

2）装夹方案。

①工序一：正面加工。正面加工时，工件装夹效果如图 1 - 3 - 12 所示。

- 定位基准：底面、侧面。　　● 零点：顶面分中。
- 夹具：台虎钳。

②工序二：反面加工。反面加工时，工件装夹效果如图 1 - 3 - 13 所示。

- 定位基准：底面、侧面。　　● 零点：底面分中。
- 夹具：工艺板、台虎钳、定位件。

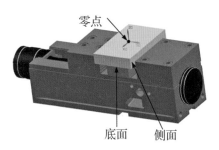

图 1 - 3 - 12　工件装夹（正面加工）

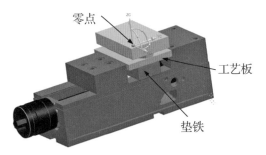

图 1 - 3 - 13　工件装夹（反面加工）

（3）加工余料确定，如图 1-3-14、图 1-3-15 所示。

 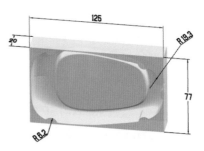

图 1-3-14　部件与毛坯求差　　　图 1-3-15　余料整体

（4）编制工艺方案。

1）工序一：砚台正面加工。

①工步划分，如图 1-3-16 所示。

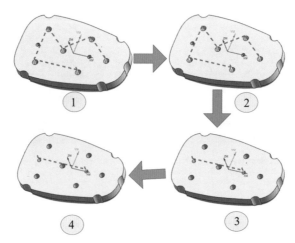

图 1-3-16　工序一：工步划分

- 钻螺纹底孔，φ5 麻花钻。　　• 攻丝，M6 丝锥。
- 钻销孔底孔，φ3.8 麻花钻。　　• 铰孔，φ4 铰刀。

②切削参数选择。根据 CAM 电子切削用量选择表确定切削参数，见表 1-3-2。

表 1-3-2　正面粗加工切削参数

刀具名称	刀路	深度（mm）	R 平面（mm）	土轴转速（r/min）	进给速度（mm/min）	其他
φ5 麻花钻	标准钻	8	5	800	30	
M6 丝锥	标准攻丝	5	5	100	100	
φ3.8 麻花钻	标准钻	8	5	800	30	
φ4 铰刀	标准钻	5	5	800	30	

2）工序二：砚台反面加工。

①工步划分。

a. 粗铣：因为型腔内轮廓最小半径为 R13.5mm，曲面最小曲率半径为 R2.2mm，所以选择 ϕ20R2 圆角立铣刀进行粗铣，加工余量为 0.3mm，如图 1-3-17 所示。

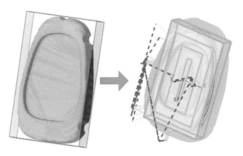

图 1-3-17   砚台反面粗铣

b. 二次粗加工：外轮廓曲面最小半径为 R6.2mm，所以选择 ϕ10 平底立铣刀进行二次粗加工，加工余量为 0.3mm，如图 1-3-18 所示。

图 1-3-18   砚台反面二次粗加工

c. 精加工：ϕ10 立铣刀轮廓铣曲面 4；ϕ10 立铣刀精铣曲面 2；ϕ8 球头铣刀等距环切曲面 3；ϕ4 球头铣刀等距环切曲面 1；ϕ2 球头铣刀延曲线切出沟槽，如图 1-3-19、图 1-3-20 所示。

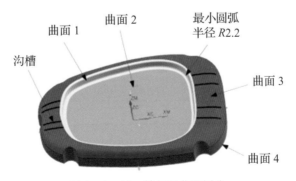

图 1-3-19   精加工曲面划分

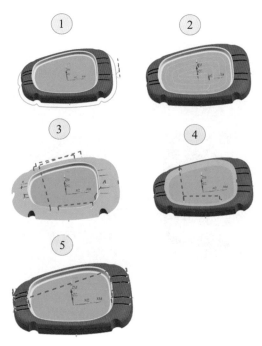

图 1-3-20　精加工工步划分

②切削参数选择。根据 CAM 电子切削用量选择表确定切削参数，见表 1-3-3、表 1-3-4。

表 1-3-3　反面粗加工切削参数

刀具名称	刀路	层深（mm）	行距（刀具百分比）	主轴转速（r/min）	进给速度（mm/min）	其他
$\phi20R2$ 圆角立铣刀	分层环切	1	75%	2 500	1 300	
$\phi10$ 平底立铣刀	分层环切	2	50%	3 000	1 000	

表 1-3-4　反面精加工切削参数

刀具名称	刀路	层深（mm）	行距（刀具百分比或 mm）	主轴转速（r/min）	进给速度（mm/min）	其他
$\phi10$ 立铣刀	轮廓铣削	20		5 000	800	
$\phi10$ 立铣刀	底面精加工	8	50%	5 000	800	
$\phi8$ 球头铣刀	曲面等距环切	0.2	0.2mm	5 000	1 000	
$\phi4$ 球头铣刀	曲面等距环切	0.1	0.1mm	5 000	1 000	
$\phi2$ 球头铣刀	曲线区动	0.5		6 000	800	

（5）填写工艺卡。按照上述设计填写机械加工工艺过程卡片，包括装夹方法和具体切削参数等均填写在相应表格内，机械加工工艺过程卡片见附件"砚台机械加工工艺过程卡片"。

（6）填写工序卡。主要填写工艺信息，包括各个工步的主轴转速、切削速度、进给量、切削深度以及进给次数等，机械加工工序卡片见附件"砚台机械加工工序卡片"。

砚台编程 1

砚台编程 2

砚台编程 3

2 砚台编程

（1）编程准备。

1）打开文件，创建毛坯。启动 UG 软件，打开砚台模型，在底面创建草图"SKETCH_000"，具体尺寸如图 1-3-21 所示。

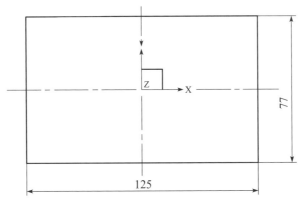

图 1-3-21 毛坯草图

拉伸毛坯要求如下：

- 截面：曲线"草图（1）SKETCH_000"。
- 拉伸方向：+ZC 轴。
- 拉伸方式："起始"选项选择"值"，"距离"输入"0mm"；"结束"选项选择"值"，距离输入"20mm"。
- 布尔运算方式：无。

2）创建程序顺序。根据装夹方案创建程序顺序。选择【插入】—【程序】菜单命令，在弹出的【创建程序】对话框中输入名称"正面加工"。按此步骤创建"程序2"，输入名称"反面加工"。

3）创建刀具。根据机械加工工序卡片创建所用刀具。选择【插入】—【创建刀具】

菜单命令，创建 ϕ5 麻花钻、M6 丝锥、ϕ3.8 麻花钻、ϕ4 铰刀、ϕ20R2 圆鼻铣刀、ϕ10 立铣刀、ϕ8 球头铣刀、ϕ4 球头铣刀、ϕ2 球头铣刀。

4）创建几何体和工件坐标系。按照前述装夹方案，在 WORKPIECE 中设置好部件和毛坯，将工件坐标系 MCS-MILL 放置在毛坯顶面分中位置。

（2）创建工序一：砚台正面加工。

1）钻螺纹底孔。

选择【插入】—【创建工序】菜单命令，具体要求如下：

- 类型：DRILL。
- 工序子类型：钻孔。
- 程序：正面加工。
- 刀具：ϕ5 麻花钻。
- 几何体：A 面——WORKPIECE。
- 名称：钻螺纹底孔。

单击【确定】按钮，在弹出的【型腔铣】对话框中设置参数，如图 1-3-22 所示。单击【生成轨迹】按钮，刀具轨迹如图 1-3-23 所示。

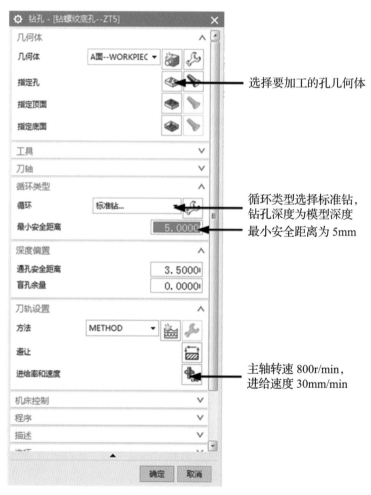

图 1-3-22　钻孔参数设置

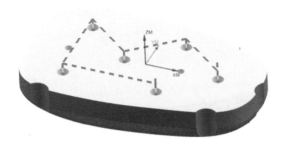

图 1 - 3 - 23　钻孔刀具轨迹

2）攻丝。选择【插入】—【创建工序】菜单命令，具体要求如下：

- 类型：DRILL。
- 工序子类型：钻孔。
- 程序：正面加工。
- 刀具：M6 丝锥。
- 几何体：A 面——WORKPIECE。
- 名称：攻丝。

单击【确定】按钮，在弹出的【型腔铣】对话框中设置参数，如图 1 - 3 - 24 所示。
单击【生成轨迹】按钮，刀具轨迹如图 1 - 3 - 25 所示。

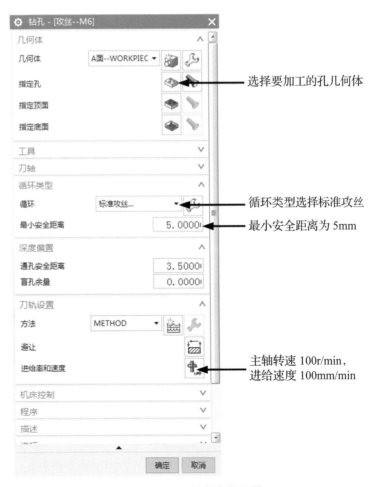

图 1 - 3 - 24　攻丝参数设置

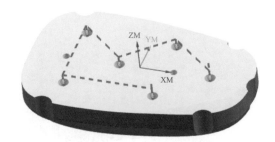

图 1 - 3 - 25 攻丝刀具轨迹

3）钻销孔底孔和铰削销孔的方法同前，这里不再赘述。

（3）工序二：砚台反面加工。

1）粗加工。选择【插入】—【创建工序】菜单命令，具体要求如下：

- 类型：MILL-CONTOUR。
- 工序子类型：型腔铣。
- 程序：反面加工。
- 刀具：$\phi20R2$ 圆鼻铣刀。
- 几何体：B 面——WORKPIECE。
- 名称：B 面开粗。

单击【确定】按钮，在弹出的【型腔铣】对话框中设置参数，具体如下：

- 切削模式：跟随周边。
- 步距：刀具直径百分比 75%。
- 公共每刀切削深度：1mm。
- 切削层范围深度：21mm。
- 切削参数中余量：0.3mm。
- 切削方向：向内。
- 开放区域进刀：线性进刀。
- 主轴转速：2500r/min。
- 进给速度：1300mm/min。

单击【生成轨迹】按钮，生成的刀具轨迹如图 1 - 3 - 26 所示，仿真加工效果如图 1 - 3 - 27 所示。

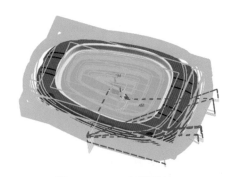

图 1 - 3 - 26 刀具轨迹

图 1 - 3 - 27 仿真加工效果

2）二次粗加工。选择【插入】—【创建工序】菜单命令，具体要求如下：

- 类型：MILL-CONTOUR。
- 工序子类型：型腔铣。
- 程序：反面加工。
- 刀具：$\phi10R0$ 立铣刀。
- 几何体：B 面——WORKPIECE。
- 名称：B 面二次开粗。

单击【确定】按钮，在弹出的【型腔铣】对话框中设置参数，具体如下：

- 切削模式：跟随周边。
- 步距：刀具直径百分比 50%。
- 公共每刀切削深度：2mm。
- 切削层范围深度：21mm。
- 切削参数：空间范围参考刀具为 $\phi20R2$ 圆鼻铣刀，其他参数与粗加工相同。
- 切削方向：向内。
- 开放区域进刀：圆弧进刀。
- 主轴转速：3000r/min。
- 进给速度：1000mm/min。

单击【生成轨迹】按钮，生成的刀具轨迹如图 1-3-28 所示，仿真加工效果如图 1-3-29 所示。

图 1-3-28　刀具轨迹　　　　　　图 1-3-29　仿真加工效果

3）精铣砚台侧壁。选择【插入】—【创建工序】菜单命令，具体要求如下：

- 类型：MILL-CONTOUR。
- 工序子类型：型腔铣。
- 程序：反面加工。
- 刀具：$\phi10R0$ 立铣刀。
- 几何体：B 面——WORKPIECE。
- 名称：B 面精加工侧壁。

单击【确定】按钮，在弹出的【型腔铣】对话框中设置参数，具体如下：

- 切削区域：零件外轮廓侧壁。
- 切削模式：轮廓。
- 步距：刀具直径百分比 50%。
- 公共每刀切削深度：0mm。
- 切削层范围深度：20mm。
- 切削参数：侧面余量均为 0。
- 开放区域进刀：圆弧进刀。
- 主轴转速：5000r/min。
- 进给速度：800mm/min。

单击【生成轨迹】按钮，生成的刀具轨迹如图 1-3-30 所示，仿真加工效果如图 1-3-31 所示。

4）精铣型腔底面。选择【插入】—【创建工序】菜单命令，具体要求如下：

- 类型：MILL-CONTOUR。
- 工序子类型：型腔铣。
- 程序：反面加工。
- 刀具：$\phi10R0$ 立铣刀。
- 几何体：B 面——WORKPIECE。
- 名称：B 面精加工底面。

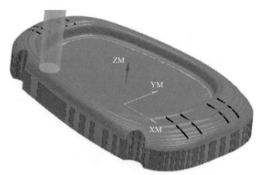

图 1 - 3 - 30　刀具轨迹　　　　　　　　图 1 - 3 - 31　仿真加工效果

单击【确定】按钮，在弹出的【型腔铣】对话框中设置参数，具体如下：

- 切削区域：零件型腔底面。
- 步距：刀具直径百分比 50%。
- 切削层范围深度：8mm。
- 切削方向：向内。
- 主轴转速：5000r/min。

- 切削模式：跟随周边。
- 公共每刀切削深度：0mm。
- 切削参数：底面余量为 0。
- 封闭区域进刀：螺旋进刀。
- 进给速度：800mm/min。

单击【生成轨迹】按钮，生成的刀具轨迹如图 1 - 3 - 32 所示，仿真加工效果如图 1 - 3 - 33 所示。

图 1 - 3 - 32　刀具轨迹　　　　　　　　图 1 - 3 - 33　仿真加工效果

5）精铣砚台上曲面。选择【插入】—【创建工序】菜单命令，具体要求如下：

- 类型：MILL-CONTOUR。
- 程序：反面加工。
- 几何体：B 面——WORKPIECE。

- 工序子类型：固定轮廓铣。
- 刀具：$\phi 8R4$ 球头铣刀。
- 名称：B 面精加工上曲面。

单击【确定】按钮，在弹出的【型腔铣】对话框中设置参数，如图 1 - 3 - 34 所示。

单击【生成轨迹】按钮，刀具轨迹如图 1 - 3 - 35 所示，仿真加工效果如图 1 - 3 - 36 所示。

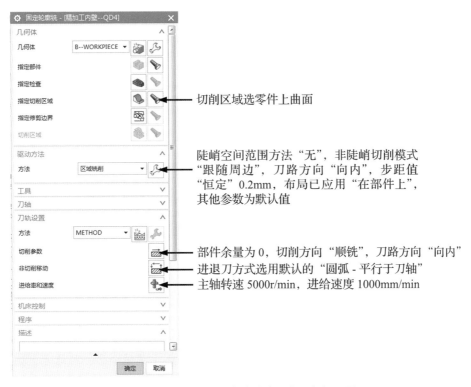

切削区域选零件上曲面

陡峭空间范围方法"无"，非陡峭切削模式
"跟随周边"，刀路方向"向内"，步距值
"恒定"0.2mm，布局已应用"在部件上"，
其他参数为默认值

部件余量为0，切削方向"顺铣"，刀路方向"向内"
进退刀方式选用默认的"圆弧-平行于刀轴"
主轴转速5000r/min，进给速度1000mm/min

图1-3-34　固定轮廓铣精铣上曲面参数设置

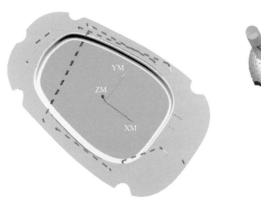

图1-3-35　刀具轨迹

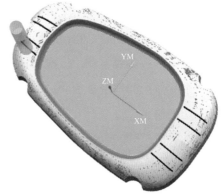

图1-3-36　仿真加工效果

6）精铣内侧壁。选择【插入】—【创建工序】菜单命令，具体要求如下：

- 类型：MILL-CONTOUR。
- 程序：反面加工。
- 几何体：B面——WORKPIECE。
- 工序子类型：固定轮廓铣。
- 刀具：$\phi 4R2$ 球头铣刀。
- 名称：B面精加工侧曲面。

单击【确定】按钮，在弹出的【型腔铣】对话框中设置参数，具体如下：

- 切削区域：砚台侧曲面。
- 陡峭空间范围方法：无。
- 驱动方法：区域铣削。
- 非陡峭切削模式：跟随周边。

- 刀具轨迹方向：向内。
- 步距值：恒定 0.1mm。
- 布局已应用：在部件上。

其他参数均与精铣砚台上曲面的设置相同。

单击【生成轨迹】按钮，生成的刀具轨迹如图 1-3-37 所示，仿真加工效果如图 1-3-38 所示。

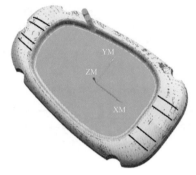

图 1-3-37　刀具轨迹　　　　　　　　　图 1-3-38　仿真加工效果

7）精铣砚台琴弦部分。选择【插入】—【创建工序】菜单命令，具体要求如下：

- 类型：MILL-CONTOUR。
- 工序子类型：固定轮廓铣。
- 程序：反面加工。
- 刀具：$\phi2R1$ 球头铣刀。
- 几何体：B 面——WORKPIECE。
- 名称：B 面精加工凹槽。

单击【确定】按钮，在弹出的【型腔铣】对话框中设置参数，具体如下：

- 驱动方法：曲线驱动，依次选择要加工的琴弦曲线。
- 切削参数：部件余量为 -0.5mm，其他参数为默认值。
- 非切削移动：进退刀方式选默认的"圆弧 - 平行于刀轴"。
- 主轴转速：6000r/min。
- 进给速度：800mm/min。

单击【生成轨迹】按钮，生成的刀具轨迹如图 1-3-39 所示，仿真加工效果如图 1-3-40 所示。

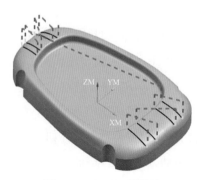
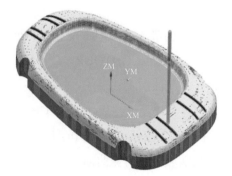

图 1-3-39　刀具轨迹　　　　　　　　　图 1-3-40　仿真加工效果

二维码

砚台工序一

二维码

砚台正面粗加工

二维码

砚台正面精加工

二维码

砚台检测 1

二维码

砚台检测 2

二维码

砚台检测 3

3　砚台加工实训

对砚台进行工艺分析，数控编程，将经过后处理的程序传输到数控机床中进行加工，加工过程及加工结果参照实操过程。

⚒ 任务拓展

基于本任务所学的固定轴轮廓铣中曲线驱动、孔加工等方法的参数设置及应用，选取其他曲面型腔类零件进行练习。

二维码

鼠标编程练习

扫一扫　练一练

班级：　　　　　　姓名：　　　　　　评测得分：

任务 3　砚台制作的加工评测

❓ 1. 请根据砚台的表面结构，按序号选择合适的精加工刀具和切削用量。

📝（1）1 蓝色，砚台上表面：刀具（　　）；主轴 S（　　）；进给 F（　　）。

📝（2）2 黄色，型腔侧壁：刀具（　　）；主轴 S（　　）；进给 F（　　）。

📝（3）3 绿色，型腔底面：刀具（　　）；主轴 S（　　）；进给 F（　　）。

📝（4）4 黄色，型腔倒圆角：刀具（　　）；主轴 S（　　）；进给 F（　　）。

📝（5）5 棕色，外廓侧壁：刀具（　　）；主轴 S（　　）；进给 F（　　）。

A. $\phi10$ 立铣刀　　　　　B. $\phi8$ 球头铣刀
C. $\phi4$ 球头铣刀　　　　　D. $\phi2$ 球头铣刀

❓ 2. 根据砚台背面结构回答问题。

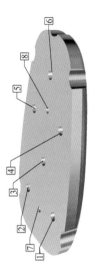

📝（1）螺纹孔的作用为（　　），销孔的作用为（　　）。

A. 定位　　B. 夹紧　　C. 减重　　D. 安装其他零件

📝（2）（　　）孔在工作过程中用于限制工件的（　　）。

A. 销　　B. 螺纹　　C. 自由度　　D. 尺寸规格

📝（3）根据孔的定位和装夹情况确定每个要素限制的自由度（多选）。

底平面限制的自由度为（　　）。

销孔 + 圆柱销限制的自由度为（　　）。

销孔 + 菱形销限制的自由度为（　　）。

A. X 平移　　B. Y 平移　　C. Z 平移

任务
3

任务 3 砚台制作的加工评测

D. 绕 *X* 轴转动   E. 绕 *Y* 轴转动   F. 绕 *Z* 轴转动

3. 图中橙色区域为型腔粗加工余料，请按型腔加工需要回答问题。

(1) 型腔粗加工过程中，考虑到效率和刀具寿命，下切方式应选择（   ）。

A. 直接下切   B. 预钻孔下切   C. 螺旋下切   D. 外部下切

(2) 型腔粗加工过程中，在 CAM 软件中选用（   ）策略。

A. 层优先   B. 深度优先   C. 插铣   D. 交替加工

(3) 每层刀具轨迹的排布顺序为（   ），这样更利于排屑。

A. 自内向外   B. 自外向内   C. 内外交替   D. 往复

本模块选用的加工对象与人们需求量较大的食品和生活用品相关，包括生产蛋挞托的模具、飞机原型、桶凳模具。分析各模型特征，确定采用倒推的方式设计工艺，形成工艺卡，最后采用 UG 软件进行数控编程，为实际加工做准备。

本模块包含 3 个任务：

任务 1 三维型腔加工（二）——蛋挞托凹模制作

任务 2 薄壁零件加工——飞机模型制作

任务 3 综合加工——桶凳凹模制作

● 学习目标

1. 掌握固定轴轮廓铣——区域铣削的方法。

2. 掌握深度轮廓铣削的方法。

3. 掌握零件圆角清根的方法。

4. 掌握刀具轨迹后期制作的方法。

● 素养目标

1. 通过制作蛋挞托模具，了解美食的制作过程，培养学生节约粮食的意识。

2. 通过对飞机模型分区域加工，培养学生"具体问题具体分析"的思维模式。"具体问题具体分析"是认识论、逻辑学和方法论的集中体现，做好这一点，才能获得理性的、具体的科学成果，进而形成解决具体问题、改造客观世界的正确方法。

3. 通过对桶凳凹模侧壁精加工刀具轨迹进行分析，培养学生的质量意识、效率意识。

任务 1 　三维型腔加工（二）——蛋挞托凹模制作

🏃 任务描述

根据附件"蛋挞托凹模"图纸，分析模具图纸的尺寸精度及技术要求，编制模具加工工艺，并利用 UG 软件中的加工模块编写加工程序，模拟仿真，为数控铣床加工环节做准备。

🏃 任务目标

☆会编制蛋挞托凹模的工艺。

☆会编写蛋挞托凹模的加工程序。

🏃 知识学习

知识点：

★固定轮廓铣——区域铣削

区域铣削驱动方式只能用于固定轴铣操作中，是通过切削区域来定义一个固定轴轮廓铣操作，该驱动方式中可以指定陡峭限制和修剪边界限制，与边界驱动方式类似，但不需要指定驱动几何体，因为它是用算法来检查碰撞约束的。工作情况允许的话，应尽可能用区域铣削驱动方式代替边界驱动方式。

切削区域可以通过表面区域、片体或表面来定义，如果不选择切削区域，系统将把已定义的整个部件几何体（包括刀具不能到达的切削区域）作为切削区域。

在【固定轴轮廓】对话框的"驱动方法"选项组的"方法"选项列表中选择"区域铣削"，系统弹出【区域铣削驱动方法】对话框，如图 2-1-1 所示。

（1）陡峭空间范围。

1）非陡峭：用于切削非陡峭区域，而陡峭区域则可用深度轮廓铣操作加工，选择此选项，在其下方可输入角度以指定陡峭角。

2）无：在刀具轨迹上不使用陡峭约束，允许加工整个切削区域，并且整个切削区域的刀具轨迹是整体形成的。

任务
1

图 2-1-1 【区域铣削驱动方法】对话框

3）定向陡峭：切削指定方向的陡峭区域，其方向由路径模式方向绕 ZC 轴旋转 90°确定，路径模式则由切削角确定。从工件坐标系（WCS）中的 XC 轴开始，绕 ZC 轴旋转指定的切削角就是切削模式方向。选择该选项，在其下方可输入角度以指定陡峭角。例如，设置定向陡峭 60°，指定剖切角为与 XC 轴成 0°，则在与 Z 轴夹角大于 60° 并且与 XC 轴夹角成 0° 方向生成刀具轨迹，如图 2-1-2 所示。

4）陡峭和非陡峭：在整个切削区域都生成刀具轨迹，但陡峭区域按深度轮廓铣的方式生成刀具轨迹，非陡峭区域采用区域轮廓铣的方式生成刀具轨迹。

5）陡峭角：指部件几何体上任一点的法向矢量和刀轴之间的夹角，陡峭角所设定的值将切削区域分成陡峭区域和非陡峭区域两部分。陡峭区域指部件几何体上陡峭度大于或等于指定陡峭角度的区域；小于陡峭角的区域则为非陡峭区域。

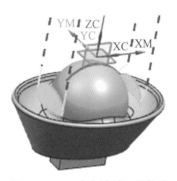

图 2-1-2 定向陡峭刀具轨迹

（2）驱动设置。

1）非陡峭切削模式：系统提供了 16 种方式，如图 2-1-3 所示。

图 2-1-3　非陡峭切削模式

2）刀具轨迹方向：包括"向外"和"向内"两种模式，如图 2-1-4 所示。

3）切削方向：包括"顺铣"和"逆铣"两种模式，如图 2-1-5 所示。

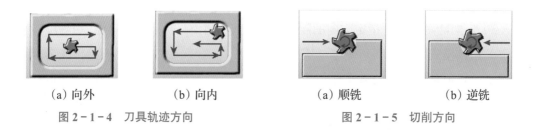

（a）向外　　　　　　（b）向内　　　　　　（a）顺铣　　　　　　（b）逆铣

图 2-1-4　刀具轨迹方向　　　　　　　　　图 2-1-5　切削方向

4）步距：包括恒定步距、工件表面残余高度、刀具直径百分比，此外，还可以设置多个不同的步距。

5）步距已应用：包括"在平面上"和"在部件上"两种模式。

①在平面上：首先在一个平面上创建切削模式，然后投射到工件的表面。投射到平坦的表面，行距和残留余量会比较均匀；而投射到陡峭的表面，行距会比较稀疏，残留余量不均匀。该模式适用于非陡峭区域切削。

②在部件上：直接在部件上创建切削模式，行距和残留余量很均匀。该模式适用于陡峭区域切削。

6）陡峭切削模式：用于控制陡峭区域的走刀方式，只有在"方法"选项列表中选择"陡峭与非陡峭"时才可用，包括深度加工单向、深度加工往复和深度加工往复上升3 个选项，如图 2 - 1 - 6 所示。

图 2 - 1 - 6　陡峭切削模式

①深度加工单向：刀具每切削完一层后，退刀，然后进入下一层进行切削，并且沿着一个方向切削。

②深度加工往复：刀具每切削完一层后，自动进入下一层进行切削，不退刀。

③深度加工往复上升：刀具每切削完一层后，退刀，然后进入下一层进行切削，但切削进给的方向和上一层相反。

7）深度切削层：控制陡峭区域切削层的深度，方式包括"恒定"和"优化"。

①恒定：指在 Z 轴方向上的切削深度不变。

②优化：指系统会根据曲面的情况自动对切削层进行适当调整，使刀具轨迹尽可能均匀化。

学习札记

∧ 任务实施

蛋挞托工艺 1

蛋挞托工艺 2

1 编制工艺方案

（1）模型特征。根据图纸分析，模型特征如下：模型的极限尺寸为 150mm×150mm×30mm，通过测量分析可得曲面最小半径 5mm；底面与侧面内凹圆角半径为 5mm；型腔最大深度为 20mm；型腔最小圆弧半径为 26.5mm，如图 2-1-7 所示。

（2）毛坯及装夹方案确定。此模具的毛坯尺寸为 150mm×150mm×30mm，装夹方案如图 2-1-8 所示。其中，定位基准为底面、侧面；零点在顶面分中位置；夹具为台虎钳。

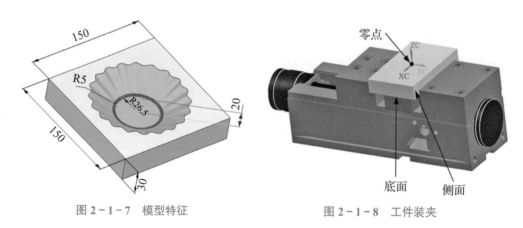

图 2-1-7　模型特征　　　　　　　　图 2-1-8　工件装夹

（3）确定加工余料，如图 2-1-9 所示。

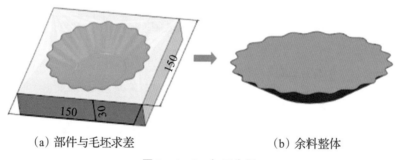

（a）部件与毛坯求差　　　　　　　（b）余料整体

图 2-1-9　加工余料

（4）余料划分方案比较。

1）余料划分方案一：根据余料模型特征综合考虑装夹方案，将余料整体作为粗加工的余料，一次粗加工全部去除，如图 2-1-10 所示。

余料划分方案一分析：优点是工艺简单，刀具种类少。缺点是随着曲面的起伏，刀具轨迹的曲率也在发生周期性变化，如图 2-1-11 所示。而曲率变换太频繁，会导致加工时实际进给速度大大降低，只能达到给定进给速度的 30%～40%，严重影响粗加工的效率。

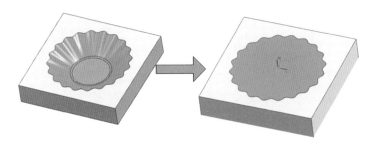

图 2 - 1 - 10 余料划分方案一

图 2 - 1 - 11 余料划分方案一的粗加工刀具轨迹

2）余料划分方案二：可以采取划分多个区域的方式改进划分方案，采用适合余料区域的刀具去除余料，以提高加工效率。这里，首先切除圆锥台部分，然后通过二次粗加工去除剩余部分的余量，如图 2 - 1 - 12 所示。

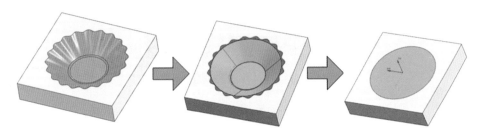

图 2 - 1 - 12 余料划分方案二

余料划分方案二分析：粗加工时，刀具轨迹是规则的圆形，曲率值是恒定的，如图 2 - 1 - 13 所示，可直接通过圆弧插补加工，加工时的进给速度就是编程时给定的进给速度，和方案一比，大大提高了生产效率。缺点是需用两把刀具，工序更复杂了。因此，选择方案二。

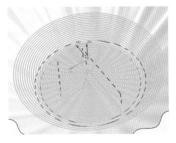

图 2 - 1 - 13 余料划分方案二的粗加工刀具轨迹

（5）粗加工余料切削参考如图 2 - 1 - 14 所示。

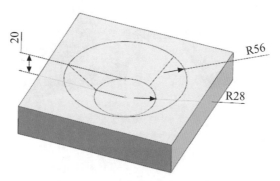

图 2 - 1 - 14　粗加工余料切削参考

（6）粗加工工步划分如图 2 - 1 - 15 所示。

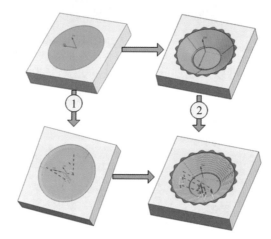

图 2 - 1 - 15　粗加工工步划分

1）余料为底边 R28mm、顶边 R56mm、高 20mm 的圆锥体，采用 φ16R2 圆角立铣刀分层环切。

2）余料形状不规则，曲面最小半径为 R5mm，采用 φ8 球头铣刀分层环切。

（7）切削参数选择。根据 CAM 电子切削用量选择表确定切削参数，见表 2 - 1 - 1，加工余量为 0.3mm。

表 2 - 1 - 1　粗加工切削参数

刀具名称	刀路	层深（mm）	行距（刀具百分比或 mm）	主轴转速（r/min）	进给速度（mm/min）	其他
φ16R2 圆角立铣刀	分层环切	1	75%	2 500	1 300	
φ8 球头铣刀	分层环切	1	1mm	3 000	1 000	

（8）精加工工步划分。精加工区域划分如图 2-1-16 所示。曲面 3 为平面，周边曲面 2 最小圆角半径为 R5mm，采用 ϕ16R2 整体高速钢圆角立铣刀等距环切。曲面 1 和曲面 2 的最小圆角半径为 R5mm，采用 ϕ8 整体高速钢球头铣刀等距环切。精加工工步划分如图 2-1-17 所示。

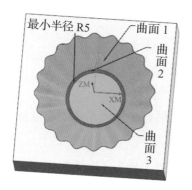

图 2-1-16　精加工区域划分

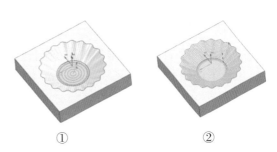

① ②

图 2-1-17　精加工工步划分

（9）切削参数选择。根据 CAM 电子切削用量选择表确定切削参数，见表 2-1-2。

表 2-1-2　精加工切削参数

刀具名称	刀路	层深（mm）	行距（刀具百分比或 mm）	主轴转速（r/min）	进给速度（mm/min）	其他
ϕ16R2 圆角立铣刀	平面等距环切	0.3	50%	3 500	1 000	
ϕ8 球头铣刀	曲面等距环切	0.1	0.1mm	4 000	500	

（10）工艺卡。填写机械加工工艺过程卡片，将装夹方法、具体切削参数等填写在相应的表格内，机械加工工艺过程卡片见附件"蛋挞托凹模机械加工工艺过程卡片"。

（11）工序卡。填写工艺信息，包括各个工步的主轴转速、切削速度、进给量、切削深度以及进给次数等，机械加工工序卡片见附件"蛋挞托凹模机械加工工序卡片"。

2 编写加工程序

二维码

蛋挞托编程 1

二维码

蛋挞托编程 2

（1）编程准备。

1）打开文件，创建毛坯。启动 UG 软件，打开蛋挞托凹模模型，在底面创建草图

"SKETCH_000"，具体尺寸如图 2-1-18 所示。

拉伸毛坯要求如下：

- 截面：曲线"草图（1）SKETCH_000"。

- 拉伸方向：+ZC 轴。

- 拉伸方式："起始"选项选择"值"，"距离"输入

"0mm"；"结束"选项选择"值"，距离输入"30mm"。

- 布尔运算方式：无。

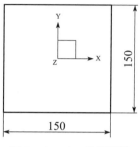

图 2-1-18　毛坯草图

2）创建程序顺序。根据装夹方案创建程序顺序。选择

【插入】—【程序】菜单命令，在弹出的【创建程序】对话框中输入名称"蛋挞托凹模加工"。

3）创建刀具。根据机械加工工序卡片创建刀具。选择【插入】—【创建刀具】菜单命令，创建 ϕ16R2 圆鼻铣刀、ϕ8 球头铣刀。

4）创建几何体和工件坐标系。根据装夹方案，在 WORKPIECE 中设置好部件和毛坯，如图 2-1-19、图 2-1-20 所示，将工件坐标系 MCS-MILL 放置在毛坯顶面分中位置。

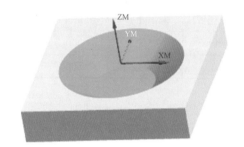

图 2-1-19　部件

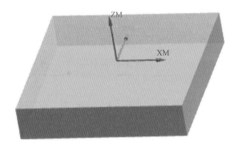

图 2-1-20　毛坯

（2）创建工序：蛋挞托粗、精加工。

1）蛋挞托粗加工。选择【插入】—【创建工序】菜单命令，具体要求如下：

● 类型：MILL-CONTOUR。	● 工序子类型：型腔铣。
● 程序：蛋挞托凹模加工。	● 刀具：ϕ16R2 圆鼻铣刀。
● 几何体：WORKPIECE。	● 名称：粗加工。

单击【确定】按钮，在弹出的【型腔铣】对话框中设置参数，要求如下：

● 切削模式：跟随周边。	● 步距：刀具直径百分比 75%。
● 公共每刀切削深度：恒定，最大距离 1mm。	
● 切削层深度：20mm。	● 切削方向：顺铣。
● 刀具轨迹方向：向外。	● 余量：0.3mm。

- 非切削移动：封闭区域为螺旋进刀，开放区域为线性进刀。
- 主轴转速：2500r/min。　　　　　- 进给速度：1300mm/min。

单击【生成轨迹】按钮，生成的刀具轨迹如图 2-1-21 所示，型腔铣仿真加工效果如图 2-1-22 所示，需要注意的是，仿真完成时将仿真结果创建为小平面体，作为下道工序的毛坯。

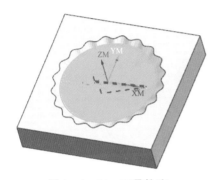

图 2-1-21　刀具轨迹

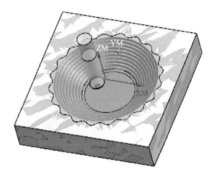

图 2-1-22　仿真加工效果

2）蛋挞托二次粗加工。在原有坐标系下创建几何体 WORKPIECE_1，设定部件和毛坯，如图 2-1-23、图 2-1-24 所示。

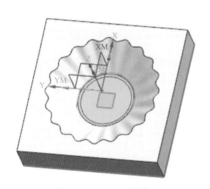

图 2-1-23　部件

图 2-1-24　毛坯

选择【插入】—【创建工序】菜单命令，具体要求如下：

- 类型：MILL-CONTOUR。　　　　- 工序子类型：型腔铣。
- 程序：蛋挞托凹模加工。　　　　- 刀具：$\phi 8R4$ 球头铣头。
- 几何体：WORKPIECE_1。　　　　- 名称：二次粗加工。

单击【确定】按钮，在弹出的【型腔铣】对话框中设置参数，要求如下：

- 切削模式：跟随周边。　　　　　- 步距：1mm。
- 公共每刀切削深度：恒定，最大距离 1mm。
- 切削层深度：20mm。　　　　　- 切削方向：顺铣。
- 刀具轨迹方向：向外。　　　　　- 余量：0.3mm。

- 非切削移动：封闭区域为螺旋进刀，开放区域为线性进刀。
- 主轴转速：3000r/min。　　　　　● 进给速度：1000mm/min。

单击【生成轨迹】按钮，生成的刀具轨迹如图 2 - 1 - 25 所示。

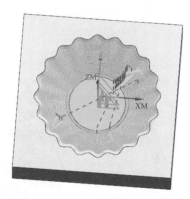

图 2 - 1 - 25　二次粗加工刀具轨迹

3）精铣蛋挞托底面。选择【插入】—【创建工序】菜单命令，具体要求如下：

- 类型：MILL-CONTOUR。　　　　● 工序子类型：固定轮廓铣。
- 程序：蛋挞托凹模加工。　　　　● 刀具：$\phi16R2$ 圆鼻铣刀。
- 几何体：WORKPIECE_1。　　　　● 名称：精加工底面。

单击【确定】按钮，在弹出的【型腔铣】对话框中设置参数，要求如下：

- 切削区域：型腔底面。　　　　　● 区域铣削中，陡峭空间范围：无。
- 非陡峭切削模式：跟随周边。　　● 刀具轨迹方向：向外。
- 切削方向：顺铣。　　　　　　　● 步距：刀具直径百分比 50%。
- 切削参数中，刀具轨迹方向：向外。● 部件余量：0。
- 非切削移动：封闭区域为螺旋进刀，开放区域为线性进刀。
- 主轴转速：3500r/min。　　　　　● 进给速度：1000mm/min。

单击【生成轨迹】按钮，生成的刀具轨迹如图 2 - 1 - 26 所示。

图 2 - 1 - 26　精加工底面刀具轨迹

4）精铣蛋挞托侧面。选择【插入】—【创建工序】菜单命令，具体要求如下：

- 类型：MILL-CONTOUR。
- 工序子类型：固定轮廓铣。
- 程序：蛋挞托凹模加工。
- 刀具：φ8R4 球头铣刀。
- 几何体：WORKPIECE_1。
- 名称：精加工侧面。

单击【确定】按钮，在弹出的【型腔铣】对话框中设置参数，要求如下：

- 切削区域：型腔侧面。
- 区域铣削中，陡峭空间范围：无。
- 非陡峭切削模式：跟随周边。
- 刀具轨迹方向：向外。
- 切削方向：顺铣。
- 步距：0.1mm。
- 切削参数中，刀具轨迹方向：向内。
- 部件余量：0。
- 非切削移动：封闭区域为螺旋进刀，开放区域为线性进刀。
- 主轴转速：4000r/min。
- 进给速度：500mm/min。

单击【生成轨迹】按钮，生成的刀具轨迹如图 2 - 1 - 27 所示。

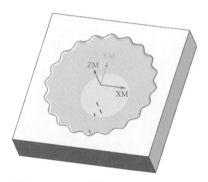

图 2 - 1 - 27 精加工侧面刀具轨迹

 蛋挞托加工实训

对蛋挞托进行工艺分析、数控编程，将经过后处理的程序传输到数控机床中进行实操加工，加工过程及加工结果参照任务实施过程。

人 任务拓展

基于本任务所学知识，掌握固定轴轮廓铣中区域驱动方法的参数设置及应用，结合其他曲面型腔类零件进行练习。

二维码

蛋挞托实操加工

二维码

五星饼干凹模
编程练习

扫一扫　练一练

班级：　　　　　姓名：　　　　　评测得分：

任务
1

任务 1　蛋挞托凹模制作的加工评测

❓ 1. 根据蛋挞托模型的几何测量情况，选定精加工刀具规格与形式。

📝（1）型腔侧壁最小半径值为小数点（　　），加工刀具最大为（　　）。

📝（2）图中型腔底面直径为（　　），选用刀具最大为 ≤（　　）。

📝（3）型腔底面精加工刀具应选用（　　）或（　　）。

A. 球头铣刀　　B. 立铣刀　　C. 刀尖圆角立铣刀

📝（4）图中型腔倒圆角尺寸为 R（　　）mm。

A. 3　　B. 4　　C. 5　　D. 6

❓ 2. 蛋挞托型腔粗加工刀具轨迹如下图所示，请看图回答问题。

📝（1）按照型腔开粗加工的效率要求选择（　　），保证精加工余量均匀应考虑（　　）。

A. 左侧刀具轨迹　　B. 右侧刀具轨迹

C. 二者均可　　D. 都不好

📝（2）左侧刀具轨迹的特点是（　　）。（多选）

A. 刀具轨迹运动换向平稳　　B. 刀具轨迹总长较短

C. 精加工余量均匀　　D. 刀具磨损小

E. 刀具轨迹设计步骤简单　　F. 机床运行平稳

📝（3）右侧刀具轨迹的特点是（　　）。（多选）

任务1

任务 1　蛋挞托凹模制作的加工评测

A. 刀具轨迹运动换向平稳　　B. 刀具轨迹总长较短　　C. 精加工余量均匀

D. 刀具磨损小　　E. 刀具轨迹设计步骤简单　　F. 机床运行平稳

❓ 3. 请指出蛋挞托任务与砚台任务中装夹方式的差别，并分析原因，回答下面的问题。

✍ (1) 砚台使用工艺板装夹是因为（　　）。

A. 零件外形均为曲面　　B. 尺寸过大　　C. 接触面积大　　D. 切削力大

✍ (2) 蛋挞托凹模使用虎钳装夹是因为（　　）。

A. 接触面积大，形状规则且有平行面　　B. 尺寸过大

C. 接触面积大，形状规则且有平行面

✍ (3) 封闭型腔粗加工的方法总结：封闭型腔粗加工的下切方式常用（　　）和（　　）；封闭型腔粗加工的刀具轨迹布排顺序常用（　　）。

A. 预钻孔下切　　B. 直接下切　　C. 螺旋下切

D. 自上向下　　E. 自外向内　　F. 自内向外

任务 2　薄壁零件加工——飞机模型制作

⚔ 任务描述

根据附件"飞机模型"图纸，分析图纸的尺寸精度及技术要求，编制飞机模型加工工艺，并利用 UG 软件中的加工模块编制飞机模型加工程序，模拟仿真，为数控铣床加工环节做准备。

⚔ 任务目标

☆会编制飞机模型的工艺方案。

☆会编写飞机模型的加工程序。

⚔ 知识学习

知识点：

★深度轮廓加工

深度轮廓加工（ZLEVEL_PROFILE）也称为等高轮廓铣，是一种固定的轴铣削操作，是型腔铣的特例，即通过多个切削层来加工零件表面轮廓。深度轮廓加工通常用于陡峭侧壁的精加工和半精加工，相对型腔铣的"轮廓"方式，增加了一些特定的参数，如陡峭角度、混合切削模式、层间过渡、层间剖切等，如图 2-2-1 所示。

深度轮廓加工与型腔铣的主要区别体现在以下方面：

（1）深度轮廓加工可以指定陡峭空间范围，限定只加工陡峭区域。

（2）深度轮廓加工可以设置更加丰富的层间连接策略。

（3）深度轮廓加工的切削层设置可使用最优化方式，即根据不同的陡峭程度分布切削层。

深度轮廓加工的创建与型腔铣的创建步骤相同：在创建工序时选择子类型为"ZLEVEL_PROFILE"，深度轮廓加工的刀轨设置与型腔铣有一部分公用参数，下面介绍其特有参数。

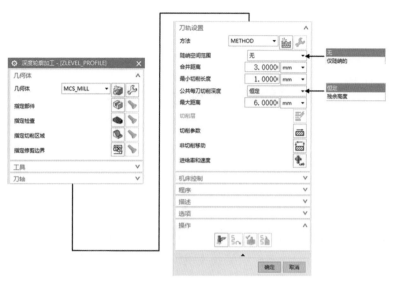

图 2-2-1 深度轮廓加工

（1）陡峭空间范围。深度轮廓加工与型腔铣中轮廓铣削的最大差别在于前者可以分辨陡峭程度，只加工陡峭的壁面。陡峭空间范围可以选择"无"或者"仅陡峭的"。

1）无：整个零件轮廓将被加工，如图 2-2-2 所示。

2）仅陡峭的：需要指定角度，只有陡峭角度大于指定陡峭"角度"的区域才会被加工，非陡峭区域不被加工。如图 2-2-3 所示为指定陡峭角为 65° 时产生的刀轨。注意：该角度为加工表面与水平面的夹角。

图 2-2-2 无陡峭角

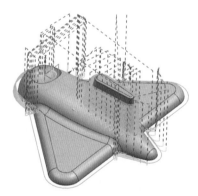

图 2-2-3 陡峭角为 65°

（2）合并距离。用于定义进行不连贯的切削运动时，刀具轨迹中出现的缝隙的距离。将小于指定距离的切削运动的结束点连接起来以消除不必要的退刀。

注意：刀轨存在较多接近的退刀与进刀路径时，将合并距离设置得大一点儿可以减少进退刀次数。

（3）最小切削长度。用于定义生成刀具路径时的最小长度。当切削运动的距离比指定的最小长度小时，系统不会在该处创建刀具路径，以消除小于指定值的刀轨段。

（4）混合式切削方向。当每层的刀轨没有封闭时，单向切削模式会导致多次提刀，采用混合式切削方向可避免提刀，提高加工效率，使刀轨更为美观。参数设置如图 2-2-4 所示。

图 2-2-4　混合式切削方向设置

（5）层到层。用于设置上一层向下一层转移时的移动方式。

在【切削参数】对话框中选择"连接"选项卡，如图 2-2-5 所示。

图 2-2-5　"连接"选项卡

"层到层"下拉列表包含以下 4 个选项：

1）使用转移方法：使用非切削移动中设置的转移方法，通常需要抬刀，空行程较多，并且其进刀点位置可能较乱。

2）直接对部件进刀：沿着加工表面直接插到下一切削层，路径最短，但形成的进刀痕较明显。

3）沿部件斜进刀：沿着加工表面按一定角度倾斜地插到下一切削层，进刀痕较小，并且不在同一位置分布。

4）沿部件交叉斜进刀：沿着加工表面倾斜下插，但起点在前一切削层的终点，进刀痕较小，并且不在同一位置分布。

各选项应用示例如图 2-2-6 至图 2-2-9 所示。

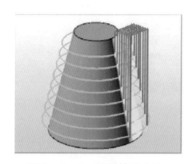

图 2-2-6 使用转移方法

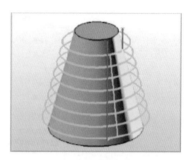

图 2-2-7 直接对部件进刀

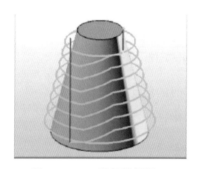

图 2-2-8 沿部件斜进刀

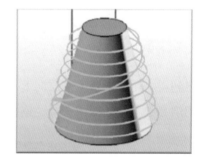

图 2-2-9 沿部件交叉斜进刀

（6）在层之间切削。选中该选项（见图 2-2-10），可以在一个深度轮廓加工工序中同时对陡峭区域和非陡峭区域进行加工，还可在等高加工中的切削层间存在间隙时创建额外的切削路径，消除在标准层到层加工工序中留在浅区域中的较大的残余高度。

注意：在层之间的切削并不一定是在同一高度层上进行。

选中"在层之间切削"复选项后，需要设置的参数如下：

1）步距：指定水平切削步距，可以选择"使用切削深度""恒定""刀具直径百分比""残余高度"方式。

2）短距离移动上的进给：在层间移动时，移动距离较小的话可以选择进给方式，关闭该选项将可以采用退刀方式。选择短距离移动上的进给方式时，需要指定最大移刀距离，超过这一距离将退刀，如图 2-2-11 所示。

（7）切削层。"切削层"中的部分选项介绍如下：

1）"范围类型"下拉列表中提供了以下 3 个选项：

● 自动：选用此类型，系统将通过与零件有关联的平面自动生成多个切削深度区间。

● 用户定义：选用此类型，用户可以通过定义每一个区域的底面生成切削层。

● 单个：选用此类型，用户可以通过零件几何体和毛坯几何体定义切削深度。

2）公共每刀切削深度：用于设置每个切削层的最大深度，系统会自动计算出需要分几层进行切削。

图 2-2-10 在层之间切削

图 2-2-11 短距离移动上的进给

3）"切削层"下拉列表中提供了以下 3 个选项：

● 恒定：将切削深度恒定保持在"公共每刀切削深度"的设置值。

● 最优化：优化切削深度，以便在部件间距和残余高度方面保持一致。可在斜度从陡峭或几乎竖直变为表面或平面时创建其他切削，最大切削深度不超过全局每刀深度值，仅用于深度加工操作。"最优化"选项如图 2-2-12 所示，"最优化"后的刀具轨迹如图 2-2-13 所示。

图 2-2-12 "最优化"选项

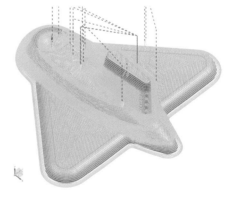

图 2-2-13 "最优化"后的刀具轨迹

● 仅在范围底部：仅在范围底部切削，不细分切削范围，选择此选项将使全局每刀深度选项处于非活动状态。

4）"测量开始位置"下拉列表中提供了以下 4 个选项：

● 顶层：选择该选项后，测量切削范围深度从每一个切削顶部开始。

- 当前范围顶部：选择该选项后，测量切削范围深度从当前切削顶部开始。

- 当前范围底部：选择该选项后，测量切削范围深度从当前切削底部开始。

- WCS 原点：选择该选项后，测量切削范围深度从当前工作坐标系原点开始。

5）"范围深度"文本框：通过在该文本框中输入一个正值或负值距离，定义的范围在指定的测量位置的上部或下部。也可以利用范围深度滑块来改变范围深度，当移动滑块时，范围深度值随之变化。

6）"每刀切削深度"文本框：用于定义当前范围的切削层深度。

学习札记

任务实施

飞机工艺 1

飞机工艺 2

飞机工艺 3

1 编制工艺方案

（1）飞机模型的结构分析。如图 2-2-14、图 2-2-15 所示，飞机模型主要由机身、机翼、尾翼、驾驶室、起落架五部分组成。

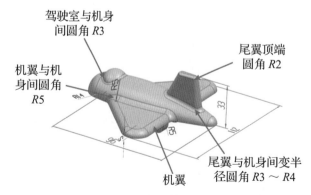

图 2-2-14 飞机模型反面结构

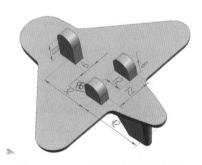

图 2-2-15 飞机模型正面结构

各部分尺寸分析如下：

1）模型的极限尺寸为 110mm×112mm×52mm。

2）机翼圆角 R5mm。

3）机翼与机身间圆角 R5mm。

4）尾翼顶端圆角 R2mm。

5）尾翼与机身间变半径圆角 R3mm～R4mm。

6）驾驶室与机身间圆角 R3mm。

7）起落架尺寸为 12mm×6mm×19 mm 和 12mm×6mm×12mm。

（2）确定毛坯及装夹方案。

1）毛坯尺寸。根据毛坯大于等于部件极限尺寸的原则，选取毛坯尺寸为 110mm×112mm×52mm。毛坯为精加工毛坯，6 个面的成型尺寸、平行度、垂直度均在 0.02mm 以内，表面粗糙度在 Ra1.6 以内，零件材料为铝合金。

2）装夹方案。由于选择的机床为三轴数控铣床，只从一面进行加工，无法得到完整的飞机模型，因此必须对毛坯进行两面加工。加工正面时，选用底面和侧面作为定位基准，利用台虎钳进行装夹，零点放在顶面角点的位置，如图 2-2-16 所示，将飞机正面起落架部分加工出来。

翻转毛坯，加工反面。选用工艺板的底面和侧面作为定位基准，用台虎钳配合工艺板装夹，零点放在底面角点位置，如图 2-2-17 所示，即可完成整个模型加工。

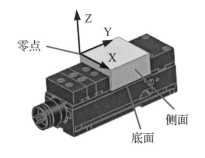

图 2-2-16　正面装夹

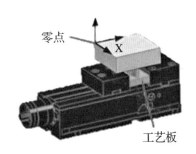

图 2-2-17　反面装夹

（3）确定加工余料。将部件与毛坯求差，并将正、反两面分开，得到正面余料和反面余料两部分。两面都是开放区域，容易排削，加工较方便。如果只采用单一种类的刀具把整个余料都去除则比较困难，需要分成两个部分进行加工，需分别对飞机模型的正、反两面进行加工分析。将部件与毛坯求差，上下两面分开，去掉透明度，正面余料、反面余料如图 2-2-18 所示，余料划分倒序如图 2-2-19 所示。

（4）飞机模型正面粗加工。

1）余料分析。飞机模型正面粗加工余料较多，且有圆角部分，需要两次开粗去除余料，如图 2 - 2 - 20 所示。

2）刀具选择和粗加工工步划分。工步划分如图 2 - 2 - 21 所示。

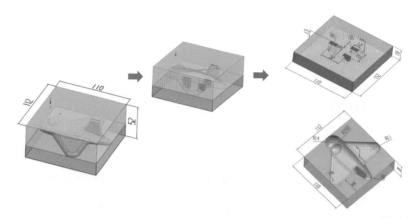

图 2 - 2 - 18　加工余料

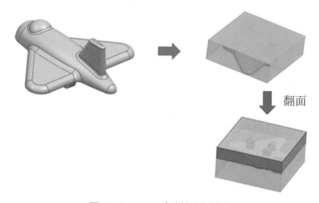

翻面

图 2 - 2 - 19　余料划分倒序

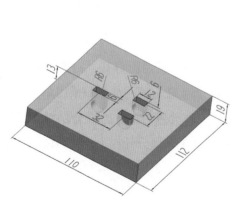

图 2 - 2 - 20　正面余料

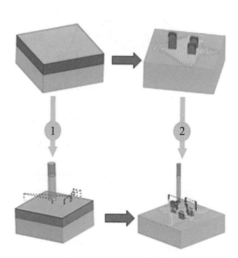

图 2 - 2 - 21　工步划分

①一次开粗，去除大部分余料，约 110mm×112mm×19mm，采用 ϕ16 立铣刀，分层环切。

②二次开粗，去除圆角部分余料，约 12mm×6mm×6mm，采用 ϕ8 立铣刀，分层环切。

3）切削参数选择。根据 CAM 电子切削用量选择表确定切削参数，见表 2－2－1。

表 2－2－1　正面粗加工切削参数

刀具名称	刀路	层深 （mm）	行距 （刀具百分比）	主轴转速 （r/min）	进给速度 （mm/min）	其他
ϕ16 立铣刀	分层环切	1.5	75%	2 500	300	
ϕ8 立铣刀	分层环切	0.5	75%	4 000	800	

（5）飞机模型正面精加工。

1）余料分析。正面精加工部分余料较少，平面部分去除粗加工留下加工余量，曲面部分是起落架的圆角部分，如图 2－2－22 所示。

2）刀具选择和精加工工步划分。

①平面，ϕ8 立铣刀，等距环切。

②圆角 R6mm，ϕ6 球头铣刀，等距行切。

3）切削参数选择。根据 CAM 电子切削用量选择表确定切削参数，见表 2－2－2。

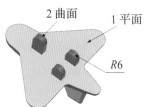

图 2－2－22　正面精加工

表 2－2－2　正面精加工切削参数

刀具名称	刀路	层深 （mm）	行距 （刀具百分比）	主轴转速 （r/min）	进给速度 （mm/min）	其他
ϕ8 立铣刀	等距环切	0.1	70%	4 000	120	
ϕ6 球头铣刀	等距行切	0.1	20%	2 300	80	

（6）工艺孔加工。需要在飞机模型的正面加工出工艺孔，用于加工飞机模型反面时定位。共需加工 5 个孔，其中 3 个螺纹孔直径为 6mm，2 个销孔直径为 4mm，如图 2－2－23 所示。

1）刀具选择和工步划分。工步划分如图 2－2－24 所示。

①钻螺纹孔底孔，ϕ5 麻花钻，深度 10mm。

②攻丝，M6 丝锥。

③钻销孔底孔，ϕ3.8 麻花钻，深度 6mm。

④铰孔，ϕ4 铰刀。

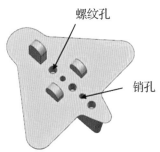

图 2－2－23　工艺孔

① ② ③ ④

图 2-2-24 工步划分

2）切削参数选择。根据 CAM 电子切削用量选择表确定切削参数，见表 2-2-3。

表 2-2-3 工艺孔加工切削参数

刀具名称	刀路	深度（mm）	R 平面（mm）	主轴转速（r/min）	进给速度（mm/min）	其他
φ5 麻花钻	标准钻	10	5	800	30	
M6 丝锥	标准攻丝	5	5	100	100	
φ3.8 麻花钻	标准钻	6	5	800	30	
φ4 铰刀	标准钻	5	5	800	30	

（7）飞机模型反面粗加工。

1）余料分析。根据余料划分方式，判断反面去除余料约 110mm×112mm×33mm，面积较大，如图 2-2-25 所示，可以先用直径较大的刀具开粗，再用直径较小的刀具进行二次粗加工铣削。

2）刀具选择和粗加工工步划分。工步划分如图 2-2-26 所示。

①开粗，余料约 110mm×112mm×33mm，φ16 立铣刀，分层环切。

②二次粗加工，φ8 立铣刀，分层环切。

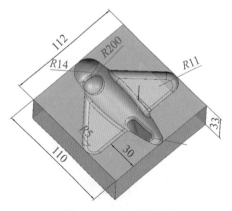

图 2-2-25 反面余料

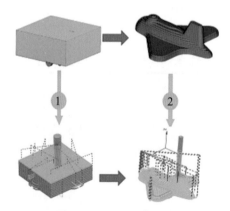

图 2-2-26 工步划分

3）存在的问题。机翼部分厚度为 5mm，较薄，且机翼下方悬空。若振动过大会产生变形，影响飞机模型表面质量。加工后的效果如图 2-2-27 所示，装夹横向示意图如图 2-2-28 所示，反面粗加工刀具轨迹如图 2-2-29 所示。

图 2-2-27 加工后的效果

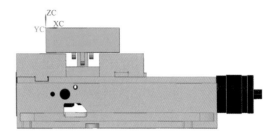

图 2-2-28 装夹横向示意图

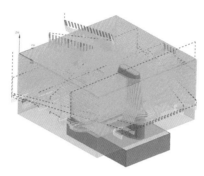

图 2-2-29 反面粗加工刀具轨迹

解决措施如下：

①机翼两侧同时对称铣削，使应力均匀释放，可以有效减小零件的加工变形。

②减小切削深度，提高主轴转速和进给速度。

4）切削参数选择。调整前，根据 CAM 电子切削用量选择表确定切削参数，见表 2-2-4。调整后，根据解决措施提高主轴转速和进给速度，见表 2-2-5。

表 2-2-4 调整前反面粗加工切削参数

刀具名称	刀路	层深（mm）	行距（刀具百分比）	主轴转速（r/min）	进给速度（mm/min）	其他
ϕ16 立铣刀	分层环切	1.5	75%	1 500	300	
ϕ8 立铣刀	分层行切	0.5	75%	4 000	800	

表 2-2-5 调整后反面粗加工切削参数

刀具名称	刀路	层深（mm）	行距（刀具百分比）	主轴转速（r/min）	进给速度（mm/min）	其他
ϕ16 立铣刀	分层环切	0.5	75%	2 000	560	
ϕ8 立铣刀	分层行切	0.5	75%	4 000	800	

（8）飞机模型反面精加工。

1）余料分析。飞机模型反面形状比较复杂，经过分析，可采用以下两种方法进行精加工：

第一种：整个零件只编写一段程序。这样做的优点是进刀、退刀次数少，只需一次。但缺点多，包括尾翼部分刀具轨迹较宽；机身与尾翼间的圆角加工后会留有余量；驾驶室与机身间的圆角的刀具轨迹不光顺，难以加工到位；表面质量不好。反面精加工区域如图 2 - 2 - 30 所示，反面精加工刀具轨迹如图 2 - 2 - 31 所示。

 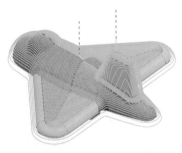

图 2 - 2 - 30　反面精加工区域　　　图 2 - 2 - 31　反面精加工刀具轨迹

第二种：将飞机反面划分为 7 个区域，编 7 段程序。这样做的优点是刀具轨迹顺畅，表面加工质量好。缺点是进刀、退刀次数多，每一段程序都需要进行一次进、退刀，并且每两道程序之间会产生接刀痕。反面精加工区域划分如图 2 - 2 - 32 所示，反面精加工刀具轨迹如图 2 - 2 - 33 所示。

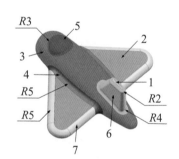

图 2 - 2 - 32　反面精加工区域划分

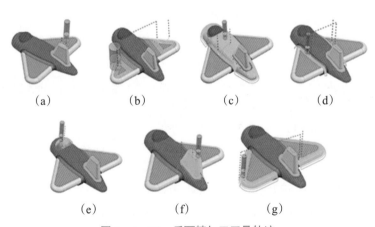

(a)　　　(b)　　　(c)　　　(d)

(e)　　　(f)　　　(g)

图 2 - 2 - 33　反面精加工刀具轨迹

在实际加工过程中，频繁换刀也会降低工作效率。但是在这个模型当中，平面精加工采用的是 $\phi16$ 立铣刀，曲面精加工采用的都是 $\phi6$ 球头铣刀，虽然程序是分开的，但却不必频繁换刀，在不降低工作效率的同时提高了工件的表面质量。因此，为确保零件表面质量，选择第二种方法进行精加工。

2）刀具选择和精加工工步划分。

①尾翼顶端平面，$\phi16$ 立铣刀，等距环切。

②机翼表面（平面），$\phi16$ 立铣刀，等距环切。

③机身（曲面），$\phi6$ 球头铣刀，等距环切。

④机翼与机身间圆角 $R5mm$，$\phi6$ 球头铣刀，等距行切。

⑤驾驶室和圆角 $R3mm$，$\phi6$ 球头铣刀，等距环切。

⑥尾翼斜面和上、下端圆角 $R2mm$、$R4mm$，$\phi6$ 球头铣刀，等距环切。

⑦机翼圆角 $R5mm$，$\phi6$ 球头铣刀，等距行切。

3）切削参数选择。根据 CAM 电子切削用量选择表确定切削参数，见表 2-2-6。

表 2-2-6　飞机反面精加工切削参数

刀具名称	刀路	层深（mm）	行距（刀具百分比）	主轴转速（r/min）	进给速度（mm/min）	其他
$\phi16$ 立铣刀	等距环切	0.1	20%	1 400	56	
$\phi16$ 立铣刀	等距环切	0.1	20%	1 400	56	
$\phi6$ 球头铣刀	等距行切	0.1	20%	2 300	80	
$\phi6$ 球头铣刀	等距行切	0.1	20%	2 300	80	
$\phi6$ 球头铣刀	等距行切	0.1	20%	2 300	80	
$\phi6$ 球头铣刀	等距环切	0.1	20%	2 300	80	
$\phi6$ 球头铣刀	等距行切	0.1	20%	2 300	80	

（9）填写工艺卡。按照上述设计填写机械加工工艺过程卡片，包括装夹方法和具体切削参数等均填写在相应表格内，机械加工工艺过程卡片见附件"飞机模型机械加工工艺过程卡片"。

（10）填写工序卡。主要填写工艺信息，包括各个工步的主轴转速、切削速度、进给速度、切削深度以及进给次数等，机械加工工序卡片见附件"飞机模型机械加工工序卡片"。

飞机编程 1

飞机编程 2

2 飞机模型编程

（1）编程准备。

1）打开文件，创建毛坯。启动 UG 软件，打开飞机模型，以机翼底面为草图平面，创建草图"SKETCH_014"，具体尺寸如图 2-2-34 所示。

拉伸毛坯要求如下：

- 截面：曲线"草图 SKETCH_014"。
- 拉伸方向：+ZC 轴。
- 拉伸方式："开始"选项选择"值"，"距离"输入"-19mm"；"结束"选项选择"值"，距离输入"33.5mm"。
- 布尔运算方式：无。

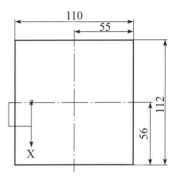

图 2-2-34　毛坯草图

2）创建程序顺序。根据装夹方案创建程序顺序。选择【插入】—【程序】菜单命令，在弹出的【创建程序】对话框中输入名称"正面加工"。按此步骤创建"程序"，输入名称"反面加工"。

3）创建刀具。根据机械加工工序卡片创建刀具。选择【插入】—【创建刀具】菜单命令，创建 $\phi16$ 立铣刀、$\phi8$ 立铣刀、$\phi6$ 球头铣刀、Z5 钻头、M6 丝锥、Z3.8 钻头、J4 铰刀。

4）创建几何体和工件坐标系。按照装夹方案，在 WORKPIECE 中设置好部件和毛坯，将工件坐标系 MCS-MILL 放置在毛坯顶面角点位置。

（2）创建工序一：飞机模型正面粗、精加工。

1）飞机模型正面粗加工。选择【插入】—【创建工序】菜单命令，具体要求如下：

- 类型：MILL-CONTOUR。
- 工序子类型：型腔铣
- 程序：正面加工。
- 刀具：$\phi16$ 立铣刀。
- 几何体：WORKPIECE。
- 名称：飞机模型正面粗加工。
- 检查体：平面 1，如图 2-2-35 所示。

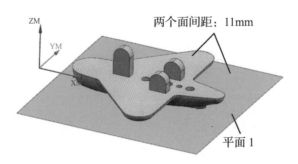

图 2-2-35　检查平面 1

单击【确定】按钮，在弹出的【型腔铣】对话框中设置参数，具体如下：

- 切削模式：跟随部件。
- 步距：刀具直径百分比 75%。
- 公共每刀切削深度：恒定。
- 最大距离：1.5mm。
- 切削余量：0.3mm。
- 开放区域：圆弧进刀。
- 主轴转速：2500 r/min。
- 进给速度：300 mm/min。

单击【生成轨迹】按钮，生成的刀具轨迹如图 2-2-36 所示。

2）飞机模型正面曲面二次粗加工。选择【插入】—【创建工序】菜单命令，具体要求如下：

- 类型：MILL-CONTOUR。
- 工序子类型：剩余铣。
- 程序：正面加工。
- 刀具：φ8 立铣刀。
- 几何体：WORKPIECE。
- 名称：飞机模型正面曲面二次粗加工。

单击【确定】按钮，在弹出的【剩余铣】对话框中设置参数，要求如下：

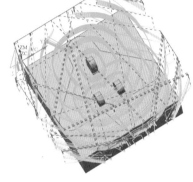

图 2-2-36　正面粗加工刀具轨迹

- 指定切削区域：起落架圆角部分。
- 切削模式：跟随周边。
- 步距：刀具直径百分比 70%。
- 公共每刀切削深度：0.5mm。
- 主轴转速：4000r/min。
- 进给速度：800mm/min。

单击【生成轨迹】按钮，生成的刀具轨迹如图 2-2-37 所示。

3）飞机模型正面平面精加工。选择【插入】—【创建工序】菜单命令，具体要求如下：

- 类型：MILL-CONTOUR。
- 工序子类型：型腔铣。
- 程序：正面加工。
- 刀具：φ8 立铣刀。
- 几何体：WORKPIECE。
- 名称：飞机模型正面平面精加工。

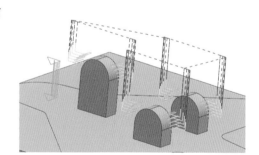

图 2-2-37　正面曲面二次粗加工刀具轨迹

单击【确定】按钮，在弹出的【型腔铣】对话框中设置参数，要求如下：

- 切削模式：跟随部件。
- 步距：刀具直径百分比 75%。
- 公共每刀切削深度：0.5mm。
- 切削深度：19mm。
- 非切削移动：开放区域，圆弧进刀。
- 主轴转速：4000r/mim。

● 进给速度：120mm/mim。　　　　　● 余量：0mm。

单击【生成轨迹】按钮，生成的刀具轨迹如图 2 - 2 - 38 所示。

4）飞机模型正面曲面精加工。选择【插入】—【创建工序】菜单命令，具体要求如下：

● 类型：MILL-CONTOUR。　　　　　● 工序子类型：固定轮廓铣。

● 程序：正面加工。　　　　　　　　● 刀具：$\phi6R3$ 球头铣刀。

● 几何体：WORKPIECE。　　　　　　● 名称：飞机模型正面曲面精加工。

单击【确定】按钮，在弹出的【固定轮廓铣】对话框中设置参数，要求如下：

● 指定切削区域：起落架圆角部分。　● 驱动方法：区域铣削。

● 步距：残余高度：0.02mm。　　　　● 主轴转速：2300r/min。

● 进给速度：80mm/min。

单击【生成轨迹】按钮，生成的刀具轨迹如图 2 - 2 - 39 所示。

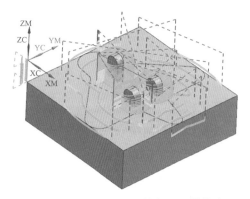

图 2 - 2 - 38　正面平面精加工刀具轨迹

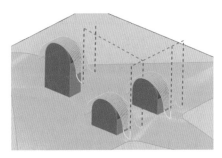

图 2 - 2 - 39　正面曲面精加工刀具轨迹

5）飞机模型正面工艺孔加工—钻孔。选择【插入】—【创建工序】菜单命令，具体要求如下：

● 类型：DRILL。　　　　　　　　　● 工序子类型：钻孔。

● 程序：正面加工。　　　　　　　　● 刀具：Z5 钻头。

● 几何体：WORKPIECE。　　　　　　● 名称：飞机模型正面工艺孔加工—钻孔。

单击【确定】按钮，在弹出的【钻孔】对话框中设置参数，要求如下：

● 指定孔：3 个直径为 6mm 的孔。　● 深度：10mm。

● 循环类型：标准钻。　　　　　　　● 主轴转速：800r/min。

● 进给速度：30mm/min。

单击【生成轨迹】按钮，生成的刀具轨迹如图 2 - 2 - 40 所示。

6）飞机模型正面工艺孔加工—攻丝。选择【插入】—【创建工序】菜单命令，具体要求如下：

- 类型：DRILL。
- 工序子类型：攻丝。
- 程序：正面加工。
- 刀具：M6 丝锥。
- 几何体：WORKPIECE。
- 名称：飞机模型正面工艺孔加工—攻丝。

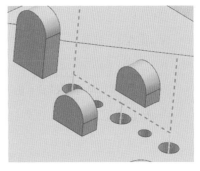

图 2 - 2 - 40　钻孔刀具轨迹

单击【确定】按钮，在弹出的【钻孔】对话框中
设置参数，要求如下：

- 指定孔：3 个直径为 6mm 的孔。
- 深度：8mm。
- 刀具：M6 丝锥。
- 循环类型：标准攻丝。
- 主轴转速：100r/min。
- 进给速度：100mm/min。

单击【生成轨迹】按钮，生成的刀具轨迹如图 2 - 2 - 41 所示。

7）飞机模型正面工艺孔加工—钻销孔。选择【插入】—【创建工序】菜单命令，具体要求如下：

- 类型：DRILL。
- 工序子类型：钻孔。
- 程序：正面加工。
- 刀具：Z3.8 钻头。
- 几何体：WORKPIECE。
- 名称：飞机模型正面工艺孔加工—钻销孔。

单击【确定】按钮，在弹出的【钻孔】对话框中设置参数，要求如下：

- 指定孔：2 个直径为 4mm 的孔。
- 深度为 6mm。
- 刀具：ϕ3.8 麻花钻。
- 循环类型：标准钻。
- 主轴转速：800r/min。
- 进给速度：30mm/min。

单击【生成轨迹】按钮，生成的刀具轨迹如图 2 - 2 - 42 所示。

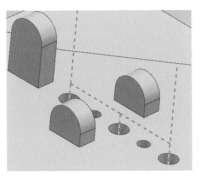

图 2 - 2 - 41　攻丝刀具轨迹

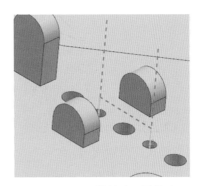

图 2 - 2 - 42　钻销孔刀具轨迹

8）飞机模型正面工艺孔加工—铰孔。选择【插入】—【创建工序】菜单命令，具

体要求如下：

- 类型：DRILL。
- 程序：正面加工。
- 几何体：WORKPIECE。
- 工序子类型：铰孔。
- 刀具：J4。
- 名称：飞机模型正面工艺孔加工—铰孔。

单击【确定】按钮，在弹出的【钻孔】对话框中设置参数，要求如下：

- 指定孔：2 个直径为 4mm 的孔。
- 刀具：ϕ4 铰刀。
- 主轴转速：800r/min。
- 深度：4mm。
- 循环类型：标准钻。
- 进给速度：30mm/min。

单击【生成轨迹】按钮，生成的刀具轨迹如图 2-2-43 所示。

（3）创建工序二：飞机模型反面粗、精加工。

1）飞机模型反面粗加工。选择【插入】—【创建工序】菜单命令，具体要求如下：

- 类型：MILL-CONTOUR。
- 工序子类型：型腔铣。
- 程序：反面加工。
- 刀具：ϕ16 立铣刀。
- 几何体：WORKPIECE。
- 名称：飞机模型反面粗加工。
- 检查体：平面 2，如图 2-2-44 所示。

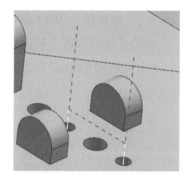

图 2-2-43 铰孔刀具轨迹

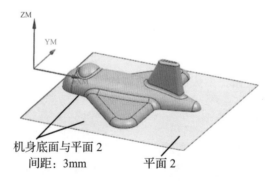

图 2-2-44 检查平面 2

单击【确定】，在弹出的【型腔铣】对话框中设置参数，要求如下：

- 切削模式：跟随周边。
- 公共每刀切削深度：1.5mm。
- 开放区域：圆弧进刀。
- 进给速度：800mm/min。
- 步距：刀具直径百分比 75%。
- 余量：0.3mm。
- 主轴转速：4000r/min。

单击【生成轨迹】按钮，生成的刀具轨迹如图 2-2-45 所示。

2）飞机模型反面二次粗加工。选择【插入】—【创建工序】菜单命令，具体要求如下：

- 类型：MILL-CONTOUR。
- 工序子类型：剩余铣。
- 程序：反面加工。
- 刀具：ϕ8 立铣刀。
- 几何体：WORKPIECE。
- 名称：飞机模型反面二次粗加工。

单击【确定】按钮，在弹出的【剩余铣】对话框中设置参数，对 ϕ16 立铣刀切削后残留的材料进行切削，要求如下：

- 切削模式：跟随部件。
- 步距：刀具直径百分比 75%。
- 公共每刀切削深度：0.5mm。
- 余量：0.2mm。
- 开放区域：圆弧进刀。
- 主轴转速：4000r/min。
- 进给速度：800mm/min。

单击【生成轨迹】按钮，生成的刀具轨迹如图 2-2-46 所示。

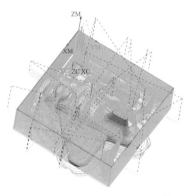

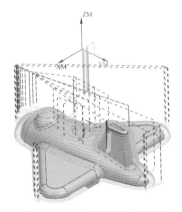

图 2-2-45　反面粗加工刀具轨迹　　　图 2-2-46　剩余铣刀具轨迹

将飞机反面精加工划分为 7 个区域，编写 7 段程序，如下：

3）飞机模型反面精加工——尾翼顶端。选择【插入】—【创建工序】菜单命令，具体要求如下：

- 类型：MILL-CONTOUR。
- 工序子类型：型腔铣。
- 程序：反面加工。
- 刀具：ϕ16 立铣刀。
- 几何体：WORKPIECE。
- 名称：飞机模型反面尾翼顶端精加工。

单击【确定】按钮，在弹出的【型腔铣】对话框中设置参数，要求如下：

- 切削模式：跟随周边。
- 步距：刀具直径百分比 10%。
- 公共每刀切削深度：0.5mm。
- 余量：0mm，螺旋进刀。
- 主轴转速：1400r/min。
- 进给速度：56mm/min。

- 处理中的工件：使用 3D。

单击【生成轨迹】按钮，生成的刀具轨迹如图 2-2-47 所示。

4）飞机模型反面精加工——机翼上平面。选择【插入】—【创建工序】菜单命令，具体要求如下：

- 类型：MILL-CONTOUR。
- 工序子类型：型腔铣。
- 程序：反面加工。
- 刀具：φ16 立铣刀。
- 几何体：WORKPIECE。
- 名称：飞机模型反面机翼上平面精加工。

单击【确定】按钮，在弹出的【型腔铣】对话框中设置参数，要求如下：

- 切削模式：跟随周边。
- 步距：刀具直径百分比 10%。
- 公共每刀切削深度：0.5mm。
- 余量：0mm，螺旋进刀。
- 主轴转速：1400r/min。
- 进给速度：56mm/min。
- 处理中的工件：使用 3D。

单击【生成轨迹】按钮，生成的刀具轨迹如图 2-2-48 所示。

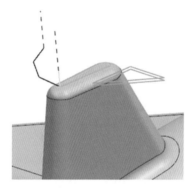

图 2-2-47 尾翼顶端刀具轨迹

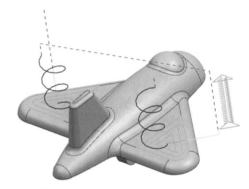

图 2-2-48 机翼上平面刀具轨迹

5）飞机模型反面精加工——机身。选择【插入】—【创建工序】菜单命令，具体要求如下：

- 类型：MILL-CONTOUR。
- 工序子类型：固定轮廓铣。
- 程序：反面加工。
- 刀具：φ6R3 球头铣刀。
- 几何体：WORKPIECE。
- 名称：飞机模型反面机身精加工。

单击【确定】按钮，在弹出的【固定轮廓铣】对话框中设置参数，要求如下：

- 驱动方法：区域铣削。
- 非陡峭切削模式：跟随周边。
- 步距：残余高度：0.02mm。
- 刀具轨迹方向：向外。
- 余量：0mm。
- 主轴转速：2300r/min。
- 进给速度：80mm/min。

单击【生成轨迹】按钮，生成的刀具轨迹如图 2-2-49 所示。

6）飞机模型反面精加工——机翼与机身间圆角 R5mm。选择【插入】—【创建工序】菜单命令，具体要求如下：

- 类型：MILL-CONTOUR。
- 工序子类型：固定轮廓铣。
- 程序：反面加工。
- 刀具：$\phi6R3$ 球头铣刀。
- 几何体：WORKPIECE。
- 名称：飞机模型反面圆角 R5mm 精加工。

单击【确定】按钮，在弹出的【固定轮廓铣】对话框中设置参数，要求如下：

- 余量：0mm。
- 切削模式：跟随周边。
- 步距：残余高度，0.02mm。
- 步距已应用：在部件上。
- 主轴转速：2300r/min。
- 进给速度：80mm/min。

单击【生成轨迹】按钮，生成的刀具轨迹如图 2-2-50 所示。

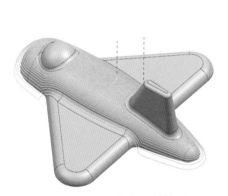

图 2-2-49 机身刀具轨迹

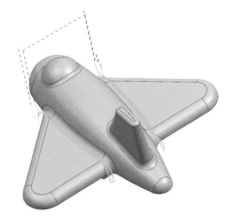

图 2-2-50 机翼与机身间圆角刀具轨迹

7）飞机模型反面精加工——驾驶室和圆角 R3mm。选择【插入】—【创建工序】菜单命令，具体要求如下：

- 类型：MILL-CONTOUR。
- 工序子类型：固定轮廓铣。
- 程序：反面加工。
- 刀具：$\phi6R3$ 球头铣刀。
- 几何体：WORKPIECE。
- 名称：飞机模型反面驾驶室精加工。

单击【确定】按钮，在弹出的【固定轮廓铣】对话框中设置参数，要求如下：

- 余量：0mm。
- 切削模式：跟随周边。
- 刀具轨迹方向：向外。
- 步距：残余高度，0.02mm。
- 主轴转速：2300r/min。
- 进给速度：80mm/min。

单击【生成轨迹】按钮，生成的刀具轨迹如图 2-2-51 所示。

8）飞机模型反面精加工——机翼圆角 R5mm。选择【插入】—【创建工序】菜单命令，具体要求如下：

- 类型：MILL-CONTOUR。
- 工序子类型：深度轮廓加工。

- 程序：反面加工。
- 刀具：$\phi 6R3$ 球头铣刀。
- 几何体：WORKPIECE。
- 名称：飞机模型反面机翼圆角精加工。

单击【确定】按钮，在弹出的【深度轮廓加工】对话框中设置参数，要求如下：

- 合并距离：3mm。
- 最小切削长度：1mm。
- 公共每刀切削深度：恒定。
- 最大距离：0.5mm。
- 余量：0mm。
- 开放区域：圆弧进刀。
- 主轴转速：2300 r/min。
- 进给速度：80 mm/min。

单击【生成轨迹】按钮，生成的刀具轨迹如图 2-2-52 所示。

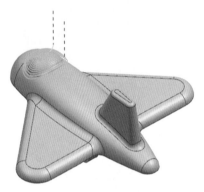

图 2-2-51　驾驶室和圆角刀具轨迹

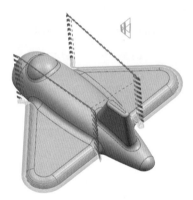

图 2-2-52　机翼圆角刀具轨迹

9）飞机模型反面精加工——尾翼。选择【插入】—【创建工序】菜单命令，具体要求如下：

- 类型：MILL-CONTOUR。
- 工序子类型：深度轮廓加工。
- 程序：反面加工。
- 刀具：$\phi 6R3$ 球头铣刀。
- 几何体：WORKPIECE。
- 名称：飞机模型反面尾翼精加工。

单击【确定】按钮，在弹出的【深度轮廓加工】对话框中设置参数，要求如下：

- 指定切削区域：选择尾翼和上、下两端圆角。
- 合并距离：3mm。
- 最小切削长度：1mm。
- 公共每刀切削深度：恒定。
- 最大距离：0.5mm。
- 余量：0mm。
- 非切削移动：圆弧进刀。
- 转移/快速—区域之间—转移类型：前一平面。
- 主轴转速：2300r/min。
- 进给速度：80mm/min。

单击【生成轨迹】按钮，生成的刀具轨迹如图 2-2-53 所示。

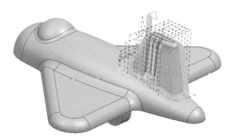

图 2 - 2 - 53　尾翼刀具轨迹

飞机工序一（1）

飞机工序一（2）

飞机工序一（3）

3　飞机模型加工实训

对飞机模型进行工艺分析、数控编程，将经过后处理的程序传输到数控机床中进行实操加工，加工过程及加工结果参照任务实操过程。

⚓ 任务拓展

基于本任务所学的型腔铣、固定轴轮廓铣中区域驱动、孔加工、等高轮廓铣等方法的参数设置及应用，选取其他曲面凸岛类零件进行练习。

飞机编程练习

扫一扫　练一练

班级：　　　　　姓名：　　　　　评测得分：

任务 2　飞机模型制作的加工评测

? 1. 加工飞机模型反面时，装夹的是工艺板部分，机翼部分悬空，如下图所示，请结合该情况回答问题。

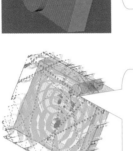

✎（1）飞机模型的机翼部分厚度是 5mm，属于　　　　件加工。

✎（2）采用如图所示的装夹方法，若　　　　过大，会　　　　。

✎（3）请填写有效减小零件加工变形的方法。

机翼两侧同时　　　　，使应力均匀释放；减小　　　　，提高　　　　和进给速度。

? 2. 飞机模型的正面粗加工刀具轨迹如下图所示，请回答下列问题。

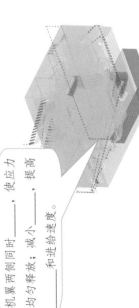

正面粗加工范围深度为 30mm。

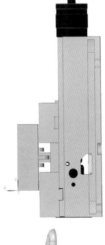

进刀点，圆弧进刀。

✎（1）控制切削范围深度的方法有（　　　　）。（多选）

A. 指定切削区域　　　　B. 指定切削层
C. 指定检查　　　　　　D. 指定修剪边界

✎（2）选择圆弧进刀的原因是切削区域为（　　　　）。

A. 开放区域　　　　B. 封闭区域
C. 平面区域　　　　D. 均可以

任务2

任务 2　飞机模型制作的加工评测

❓ 3. 飞机模型型部分精加工刀具轨迹如下图所示，请回答下列问题。

机身为（　），刀具选择（　），切削模式选择（　），刀具路径为（　）。

机翼圆角为（　），刀具选择（　），切削模式选择（　），刀具路径为（　）。

尾翼顶端为（　），刀具选择（　），切削模式选择（　），刀具路径为（　）。

尾翼为（　），刀具选择（　），切削模式选择（　），刀具路径为（　）。

A. 曲面　　　　　B. 平面
C. 斜面　　　　　D. φ8 球头铣刀
E. φ16 立铣刀　　F. φ4 球头铣刀
G. φ6 立铣刀　　 H. 型腔铣
I. 底壁加工　　　J. 固定轮廓铣
K. 深度轮廓加工　L. 剩余铣
M. 插铣　　　　　N. 等距行切
O. 等距环切

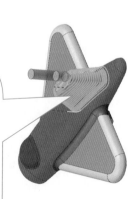

任务 3 / 综合加工——桶凳凹模制作

任务描述

根据附件"桶凳凹模"图纸，分析桶凳凹模的几何特征，划分加工余料，制定加工工艺，利用 UG 软件中的加工模块编制桶凳凹模加工程序，进行实际加工。

任务目标

☆掌握刀具轨迹变换特征的方法。

☆掌握圆角清根的方法。

☆掌握编辑刀具轨迹的方法。

知识学习

知识点：

★刀具轨迹变换对象命令　★参考刀具清根命令　★修剪刀具轨迹

1 刀具轨迹变换对象命令

变换对象命令用于在原有刀轨已经生成的前提下，将原有刀轨进行平移、旋转、缩放、镜像等操作，生成符合加工要求的新刀轨。选择【操作组】—【变换对象】菜单命令，弹出如图 2-3-1 所示的【变换】对话框。

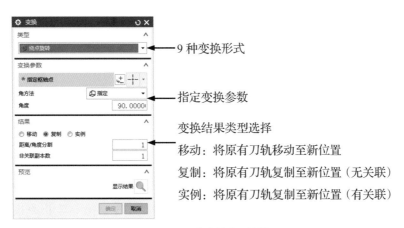

图 2-3-1 【变换】对话框

系统提供了 9 种变换类型，见表 2 - 3 - 1。

表 2 - 3 - 1　变换类型及作用

命令	工具图标	作用
平移		将刀轨沿 X、Y、Z 轴平移或平移至某点
缩放		将刀轨按比例因子缩放
绕点旋转		将刀轨绕点旋转
绕直线旋转		将刀轨绕直线旋转
通过直线镜像		将刀轨按一直线镜像
通过平面镜像		将刀轨按一平面镜像
圆形阵列		将刀轨进行圆形阵列
矩形阵列		将刀轨进行矩形阵列
从 CSYS 到 CSYS		将刀轨由当前坐标系移至目标坐标系

② 参考刀具清根命令

在加工过程中，经常会遇到两个面相交形成过渡圆角的情况，为保证切削效率，通常采用直径较大的刀具开粗，大刀具开粗必然会留下厚度为刀具半径与过渡圆角半径之差的余料。此时不能直接进行精加工，常用的方法是清根加工。清根加工原理：参考前一把刀具加工后的余料，进行二次加工。选择【插入】—【工序】—【型腔铣】—【参考刀具清根】菜单命令，弹出如图 2 - 3 - 2 所示的【清根参考刀具】对话框。

清根驱动方法可生成固定轴刀轨，并且刀轨可加工由部件曲面形成的角度和凹部，清根驱动方法可用于：高速加工、精加工之前移除拐角处的余料；移除较大的球头铣刀或穿环刀遗留下来的未切削材料。

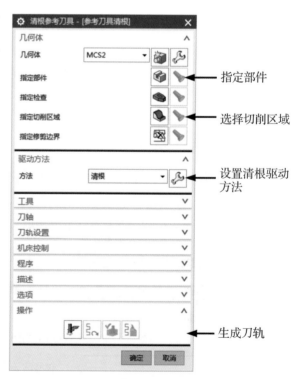

图 2 - 3 - 2　【清根参考刀具】对话框

在图 2 - 3 - 2 所示的【清根参考刀具】对话框中单击【清根工具】按钮，弹出如

图 2-3-3 所示的【清根驱动方法】对话框。最大凹度建议默认；设置最大角度后，小于参数值的角度就会被过滤掉而不加工；输出切削顺序是指启用自定义或删除一部分不需要的刀轨，删除流程是先生成刀具轨迹，弹出刀轨编号组，再选择不需要的刀轨组进行删除。

左侧标注：
- 形成内凹圆角的两斜面之间的角度应小于给定值
- 设置参考前把刀具加工后的残料，二次加工
- 陡峭与非陡峭分界角度
- 非陡峭区域切削参数

右侧标注：
- 陡峭区域切削参数
- 选择参考刀具
- 边界重复距离
- 给定清根顺序

图 2-3-3 【清根驱动方法】对话框

3 修剪刀具轨迹

在手工编程中，用户可根据编程规则制定合理的刀具路径。但在自动编程中，用户设定部件、毛坯、相关切削参数，计算机根据设置的参数参照内部算法自动生成刀具轨迹。对于形状规则的零件，生成的刀轨可能比较整齐；对于形状稍复杂的零件，生成的刀轨可能存在不合理现象，如过切、欠切、撞刀、跳刀过多等。通常，解决该问题的方法有以下两种：

（1）刀轨前处理。通过调整切削参数、设置合理的修剪边界、设置检查体等方式，在刀轨生成之前进行调整，尽可能生成合理的刀具轨迹。

（2）刀轨后处理。在 UG 软件中选择【工序组】—【编辑刀轨】菜单命令，弹出【刀轨编辑器】对话框，如图 2-3-4 所示，单击【修剪】 按钮可通过弹出的【修剪刀轨】对话框修剪已经

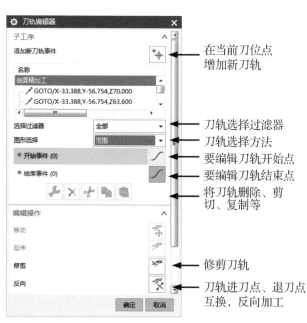

右侧标注：
- 在当前刀位点增加新刀轨
- 刀轨选择过滤器
- 刀轨选择方法
- 要编辑刀轨开始点
- 要编辑刀轨结束点
- 将刀轨删除、剪切、复制等
- 修剪刀轨
- 刀轨进刀点、退刀点互换，反向加工

图 2-3-4 【刀轨编辑器】对话框

生成的刀具轨迹，如图 2 - 3 - 5 所示。

图 2 - 3 - 5 【修剪刀轨】对话框

指定修剪工具

箭头所指方向为
修剪刀轨方位

断裂处刀轨连接
方法

任务
3

学习札记

任务实施

1 桶凳凹模工艺方案

（1）桶凳凹模特征分析。桶凳凹模（见图 2 - 3 - 6）具有如下特征：

1）模型极限尺寸为 150mm × 150mm × 60mm。

2）底面与侧面内凹圆角为 R5mm。

3）侧面拔模角度为 10°。

4）狭槽为 R2mm。

5）凳腿开放区域圆角为 R20mm。

6）凸岛尺寸为 15mm × 10mm × 5mm。

7）型腔最大深度为 30mm。

二维码

桶凳工艺 1

二维码

桶凳工艺 2

（2）毛坯与装夹方案确定。根据毛

坯大于等于部件极限尺寸的原则，选择的毛坯尺寸为 156mm × 156mm × 80mm。如图 2 - 3 - 6 所示，标注 R20mm 的 4 个外圆角的高度为 60mm，如要一次铣削完毕，必须留有卡头，因此，桶凳凹模加工划分为两个工序：

1）工序一：加工正面的装夹方案。如图 2-3-7 所示，利用台虎钳进行装夹，以底面和侧面作为定位基准，加工 4 个圆角，零点在顶面分中位置。

2）工序二：加工反面的装夹方案。如图 2-3-8 所示，仍用台虎钳装夹，翻面，装夹工序一的侧面不变，与固定钳口相靠，将刚加工完的顶面翻过来作为底面基准，零点放在底面分中位置，完成整个凹模加工。

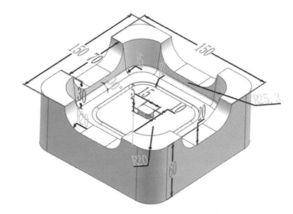

图 2-3-6　桶凳凹模三维效果

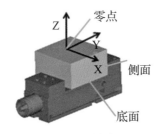

图 2-3-7　工序一装夹方案

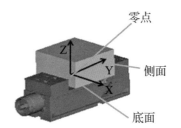

图 2-3-8　工序二装夹方案

（3）加工余料确定。以部件为基础，在毛坯上去除多余的材料，再将部件和毛坯放在一起求差，如图 2-3-9 所示。将求差的结果翻转，去掉透明度后得到的余料整体如图 2-3-10 所示。

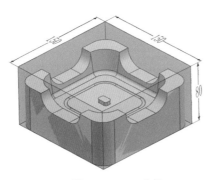

图 2-3-9　求差

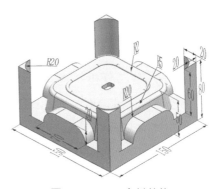

图 2-3-10　余料整体

（4）余料划分方案比较。

1）余料划分方案一。结合装夹方案及余料模型特征，将余料划分为三部分：第一部分是 R2mm 狭槽部分；第二部分是中间整体；第三部分是正面的 4 个柱，具体如图 2 - 3 - 11 所示。

余料划分方案一分析：由于此方案考虑到需加工四周 4 个 R20mm 圆角，且其高度为整体高度，因此需要留夹头，掉头装夹，故将上面 4 个柱划分开。R2mm 狭槽直径过小，需单独用小型刀具切削，故划分开。中间部分为一个整体，因为底面与侧面圆角为 R5mm，所以选用的开粗刀具不能大于 ϕ10mm，否则开粗效率低。开粗型腔总体厚度 50mm，封闭型腔厚度 30mm，排屑困难，不利于加工。

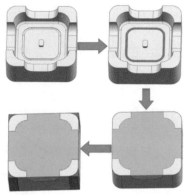

图 2 - 3 - 11　余料划分方案一

2）余料划分方案二。针对第一种划分方案遇到的问题做了改进，将余料划分为 6 个部分：第一部分是 R2mm 狭槽部分；第二部分是中间型腔；第三部分是十字槽一；第四部分是十字槽二；第五部分是反面方块；第六部分是正面的 4 个柱，具体如图 2 - 3 - 12 所示。

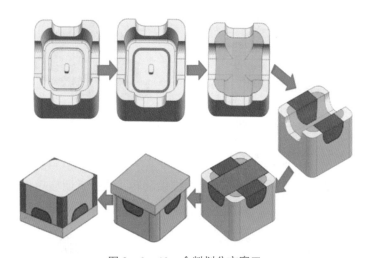

图 2 - 3 - 12　余料划分方案二

余料划分方案二分析：将 R2mm 狭槽、4 个 20mm×20mm×60mm 柱单独划分，在方案一中已经讨论过，不再赘述。剩余部分可以采取增加开放区域，减少封闭区域的型腔深度的策略来划分：上部 150mm×150mm×20mm 的方形夹头可以用面铣刀进行加工；中间部分两个 70mm×20mm×150mm 的十字槽单独划分，增加开放区域进行加工；这样，剩下部分的封闭深度已经变成 10mm，有效解决了排屑困难的问题。

3）结论：方案二虽然较复杂，所用刀具种类多，但可以减少封闭型腔厚度，增加开放区域，可用大型刀具去除余料以提高工作效率。因此选择方案二进行余料划分。

（5）粗加工余料切削参考。根据方案二划分的6个部分形成6个工步，如图2-3-13所示。首先预估6个部分的余料尺寸，然后根据预估尺寸和结构尺寸确定刀具和切削方式。

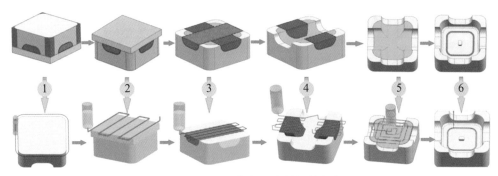

图 2-3-13　粗加工余料切削参考

1）工步 1：正面 4 个 20mm×20mm×80mm 立柱，选用 φ32 立铣刀，分层环切。

2）工步 2：去除 150mm×150mm×20mm 方料，由于是大面积切削，选用 φ80 面铣刀，分层行切。

3）工步 3、工步 4：切削两个 150mm×70mm×20mm 十字槽，选用 φ25R6 圆鼻铣刀，分层行切。

4）工步 5：切削中间封闭型腔部分，余料约 110mm×100mm×10mm，选用 φ20R5 圆鼻铣刀，分层环切。

5）工步 6：切削 R2mm 狭槽，选用 R1.5 球头铣刀，分层环切。

（6）切削参数选择。根据 CAM 电子切削用量选择表确定切削参数。见表 2-3-2。

表 2-3-2　粗加工切削参数

刀具名称	刀路	层深（mm）	行距（刀具百分比）	主轴转速（r/min）	进给速度（mm/min）	其他
φ32 立铣刀	分层环切	1	75%	2 000	1 300	
φ80 面铣刀	分层行切	1	75%	1 300	650	
φ25R6 圆鼻铣刀	分层行切	1.2	75%	1 600	800	
φ25R6 圆鼻铣刀	分层行切	1.2	75%	1 600	800	
φ25R6 圆鼻铣刀	分层环切	1	75%	2 000	800	
φ3 球头铣刀	分层环切	0.1		1 800	150	

（7）精加工余料切削参考。精加工切削区域划分为 5 个部分，形成 5 个工步，如图 2-3-14、图 2-3-15 所示。

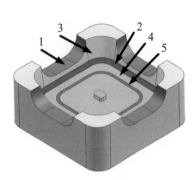

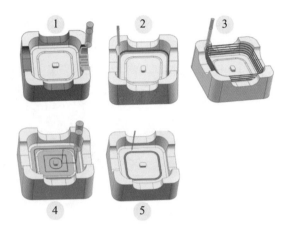

图 2 - 3 - 14 精加工切削区域划分   图 2 - 3 - 15 精加工余料切削参考

1）工步 1：切削平坦区域中的灰色部分，圆角为 R20mm，选用 ϕ25R6 圆鼻刀，等距行切。

2）工步 2：切削蓝色区域，即 R5mm 圆角清根，选用 ϕ8 球头铣刀，选用多笔清根的方式进行精加工。

3）工步 3：切削绿色陡峭区域，拔模角为 10°，选用 ϕ16R8 球头铣刀，等距环切。这里请大家思考一个问题，中间十字槽部分没有材料，为什么还要在此处空走呢？因为如果不空走的话，此处必有跳刀，在机床实际加工当中，频繁地抬刀、降刀会降低切削速度，导致切削效率降低，是不可取的。

4）工步 4：切削青色凸岛和浅滩区域，浅滩最小圆角是 R25.8mm，选用 ϕ16 立铣刀，等距环切。

5）工步 5：切削 R2mm 狭槽，选用 ϕ3 球头铣刀，等距环切。

（8）切削参数选择。根据 CAM 电子切削用量选择表确定切削参数，见表 2 - 3 - 3。

表 2 - 3 - 3　精加工切削参数

刀具名称	刀路	层深（mm）	行距（刀具百分比）	主轴转速（r/min）	进给速度（mm/min）	其他
ϕ25R6 圆鼻铣刀	曲面等距行切	0.2	20%	2 300	1 300	
ϕ8 球头铣刀	多笔清根	0.1	20%	2 300	92	
ϕ16R8 球头铣刀	曲面等距环切	0.1	20%	1 000	40	
ϕ16 立铣刀	平面等距环切	0.2	20%	1 400	56	
ϕ3 球头铣刀	平面等距环切	0.1	20%	960	38	

（9）填写工艺卡。按照上述设计填写机械加工工艺过程卡片，包括装夹方法和具体切削参数等均填写在相应表格内，机械加工工艺过程卡片见附件"桶凳凹模机械加工工艺过程卡片"。

任务3

（10）填写工序卡。主要填写工艺信息，包括各个工步的主轴转速、切削速度、进给速度、切削深度以及进给次数等，机械加工工序卡片见附件"桶凳凹模机械加工工序卡片"。

桶凳凹模编程 1

桶凳凹模编程 2

2 桶凳凹模编程

（1）打开文件，创建毛坯。启动 UG 软件，打开桶凳凹模模型，在底面创建草图"SKETCH_000"，具体尺寸如图 2 - 3 - 16 所示。

拉伸毛坯要求如下：

● 截面：曲线"草图（1）SKETCH_000"。

● 拉伸方向：+ZC 轴。

● 拉伸方式："起始"选项选择"值"，"距离"输入"0mm"；"结束"选项选择"值"，距离输入"80mm"。

● 布尔运算方式：无。

（2）创建程序顺序。根据装夹方案创建程序顺序。选择【插入】—【程序】菜单命令，在弹出的【创建程序】对话框中输入名称"正面加工"。按此步骤创建"程序 2"，输入名称"反面加工"。

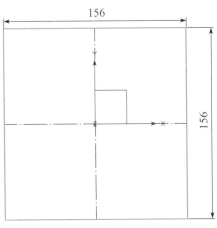

图 2 - 3 - 16　毛坯草图

（3）创建刀具。根据机械加工工序卡片创建刀具。选择【插入】—【创建刀具】菜单命令，创建 ϕ32 立铣刀、ϕ80 面铣刀、ϕ25R6 圆鼻刀、ϕ20R5 圆鼻刀、ϕ3R1.5 球头铣刀、ϕ8R4 球头铣刀、ϕ16R8 球头铣刀、ϕ16 立铣刀。

（4）创建几何体和工件坐标系。按照装夹方案，在 WORKPIECE 中设置好部件和毛坯，将工件坐标系 MCS-MILL 放置在毛坯顶面分中位置。

（5）工序一：4 个立柱粗、精加工。选择【插入】—【创建工序】菜单命令，要求如下：

● 类型：MILL-CONTOUR。　● 工序子类型：型腔铣。

● 程序：正面加工。　● 刀具：ϕ32 立铣刀。

- 几何体：WORKPIECE。 · 名称：4 个立柱粗加工。

单击【确定】按钮，在弹出的【型腔铣】对话框中设置参数，要求如下：

- 切削模式：跟随周边。 · 步距：刀具直径百分比 50%。
- 最大切削深度：2mm。 · 切削层：31 层。
- 余量：0.3mm。 · 切削方向：向内
- 开放区域进刀：圆弧进刀。 · 主轴转速：2000r/min。
- 进给速度：1300mm/min。

单击【生成轨迹】按钮，生成的刀具轨迹如图 2-3-17 所示。

复制"型腔铣 -4 个立柱粗加工"，在 WORKPIECE 下粘贴，重命名为"4 个立柱精加工"，进入【型腔铣】对话框中设置参数，要求如下：

- 切削模式：跟随部件。 · 最大切削深度：32mm。
- 余料：0mm。

单击【生成轨迹】按钮，生成的刀具轨迹如图 2-3-18 所示。

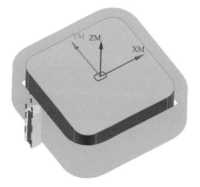 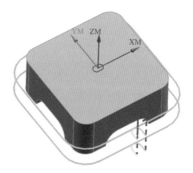

图 2-3-17 4 个立柱粗加工刀具轨迹   图 2-3-18 4 个立柱精加工刀具轨迹

（6）工序二：反面加工。

1）反面加工——顶面粗、精加工。创建新拉伸体 1，拉伸草图"SKETCH_000"，高度为 60mm，拉伸方向为 +ZC 轴。重新创建 MCS 工件坐标系，选择【插入】—【创建几何体】菜单命令，设置几何体类型为 MCS，名称为 MCS2，将 MCS2 放置在底面分中位置，安全高度为 50mm。创建 WORKPIECE1，设置部件为新拉伸体 1，毛坯为原有毛坯。

选择【插入】—【创建工序】菜单命令，具体要求如下：

- 类型：MILL-PLANAR。 · 工序子类型：底壁加工。
- 程序：正面加工。 · 刀具：ϕ80 面铣刀。
- 几何体：WORKPIECE1。 · 名称：顶面粗加工。

单击【确定】按钮，在弹出的【底壁加工】对话框中设置参数，要求如下：

- 切削模式：往复。
- 步距：刀具直径百分比 75%。
- 毛坯厚度：20mm。
- 每层切削深度：2mm。
- 余量：0.3mm。
- 指定切削区底面：零件上表面。
- 开放区域进刀：圆弧进刀。
- 主轴转速：1300r/min。
- 进给速度：650mm/min。

单击【生成轨迹】按钮，生成的刀具轨迹如图 2-3-19 所示。

复制"顶面粗加工"子类型，粘贴到"反面加工"工序中，重命名为"顶面精加工"，将余量改为 0mm。重新生成刀具轨迹，如图 2-3-20 所示。

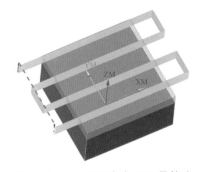
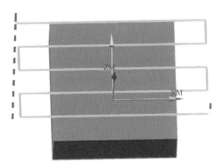

图 2-3-19　顶面粗加工刀具轨迹　　　　图 2-3-20　顶面精加工刀具轨迹

2）反面加工——十字槽粗加工。创建直纹曲面，选择 X 轴方向十字槽两侧曲线创建直纹曲面。创建 WORKPIECE2，设置部件为新建的直纹曲面，毛坯为新拉伸体 1。

选择【插入】—【创建工序】菜单命令，具体要求如下：

- 类型：MILL-CONTOUR。
- 工序子类型：型腔铣。
- 程序：反面加工。
- 刀具：$\phi25R6$ 圆鼻铣刀。
- 几何体：WORKPIECE2。
- 名称：十字槽 1 粗加工。

单击【确定】按钮，在弹出的【型腔铣】对话框中设置参数，要求如下：

- 切削模式：跟随周边。
- 步距：刀具直径百分比 50%。
- 最大切削深度：2mm。
- 切削层：10 层。
- 余量：0.3mm。
- 指定切削区域：直纹曲面。
- 开放区域进刀：线性进刀。
- 主轴转速：1600r/min。
- 进给速度：800mm/min。

单击【生成轨迹】按钮，生成的刀具轨迹如图 2-3-21 所示。

右击"十字槽 1 粗加工"子类型，选择【对象】—【变换】菜单命令，具体要求如下：

- 类型选择：绕点旋转。
- 角度：90°。
- 结果：复制。
- 非关联副本数：1。

单击【确定】按钮，生成的刀具轨迹如图 2-3-22 所示。

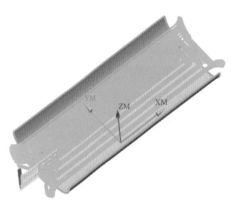

图 2 - 3 - 21　十字槽 1 粗加工刀具轨迹

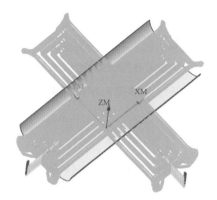

图 2 - 3 - 22　十字槽 2 粗加工刀具轨迹

3）反面加工——型腔粗加工。利用直纹曲面修剪两个十字槽，将修剪结果作为本步骤的毛坯。创建 WORKPIECE3，设置部件为桶凳凹模。

选择【插入】—【创建工序】菜单命令，具体要求如下：

- 类型：MILL-CONTOUR。　　● 工序子类型：型腔铣。
- 程序：反面加工。　　　　　● 刀具：$\phi20R5$ 圆鼻铣刀。
- 几何体：WORKPIECE3。　　● 名称：型腔粗加工。

单击【确定】按钮，在弹出的【型腔铣】对话框中设置参数，要求如下：

- 切削模式：跟随部件。　　　● 步距：刀具直径百分比 50%。
- 最大切削深度：1mm。　　　● 切削层：30 层。
- 余量：0.3mm。　　　　　　● 指定修剪边界：桶凳型腔轮廓外侧。
- 封闭区域进刀：螺旋进刀。　● 主轴转速：2000r/min。
- 进给速度：800mm/min。

单击【生成轨迹】按钮，生成的刀具轨迹如图 2 - 3 - 23 所示。将刀具轨迹进行 3D 仿真，生成 IPW，作为下一步的毛坯。

图 2 - 3 - 23　型腔粗加工刀具轨迹

4）反面加工——狭槽粗加工。创建 WORKPIECE4，设置部件为桶凳凹模，毛坯为上一步生成的 IPW。

选择【插入】—【创建工序】菜单命令，具体要求如下：

- 类型：MILL-CONTOUR。
- 工序子类型：固定轴轮廓铣。
- 程序：反面加工。
- 刀具：$\phi 3R1.5$ 球头铣刀。
- 几何体：WORKPIECE4。
- 名称：狭槽粗加工。

单击【确定】按钮，在弹出的【型腔铣】对话框中设置参数，要求如下：

- 指定切削区域：底面狭槽。
- 驱动方法：区域铣削。
- 步距：刀具直径百分比 50%。
- 切削模式：跟随周边、顺铣、向内。
- 步距已应用：在平面上。
- 切削深度：2mm。
- 每层切削深度：0.2mm。
- 余量：0.2mm。
- 封闭区域进刀：螺旋进刀。
- 主轴转速：7000r/min。
- 进给速度：150mm/min。

单击【生成轨迹】按钮，生成的刀具轨迹如图 2 - 3 - 24 所示。

5）反面加工——十字槽精加工。

选择【插入】—【创建工序】菜单命令，具体要求如下：

- 类型：MILL-CONTOUR。
- 工序子类型：固定轴轮廓铣。
- 程序：反面加工。
- 刀具：$\phi 16R8$ 球头铣刀。
- 几何体：MCS2。
- 名称：十字槽 1 精加工。

单击【确定】按钮，在弹出的【型腔铣】对话框中设置参数，要求如下：

- 指定切削区域：X 轴方向十字槽曲面。
- 驱动方法：区域铣削。
- 步距：刀具直径百分比 50%。
- 切削模式：往复、顺铣。
- 步距已应用：在部件上。
- 余量：0mm。
- 开放区域进刀：圆弧平行刀轴。
- 主轴转速：2000r/min。
- 进给速度：1300mm/min。

单击【生成轨迹】按钮，生成的刀具轨迹如图 2 - 3 - 25 所示。

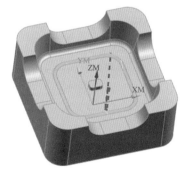

图 2 - 3 - 24 狭槽粗加工刀具轨迹

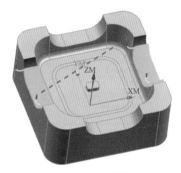

图 2 - 3 - 25 十字槽 1 精加工刀具轨迹

按照粗加工刀具轨迹旋转方法，旋转精加工刀具轨迹。右击"十字槽1精加工"子类型，选择【对象】—【变换】菜单命令，具体要求如下：

- 类型选择：绕点旋转。
- 结果：复制。
- 角度：90°。
- 非关联副本数：1。

单击【确定】按钮，生成的刀具轨迹如图2-3-26所示。

图2-3-26　十字槽2精加工刀具轨迹

6）反面加工——清根加工。

选择【插入】—【工序】—【型腔铣】—【参考刀具清根】菜单命令，弹出【清根参考刀具】对话框，设置刀具为$\phi8R4$球头铣刀，名称为"清根加工"。其他参数设置如图2-3-27、图2-3-28所示。单击【生成轨迹】按钮，生成的刀具轨迹如图2-3-29所示。

图2-3-27　【清根参考刀具】对话框

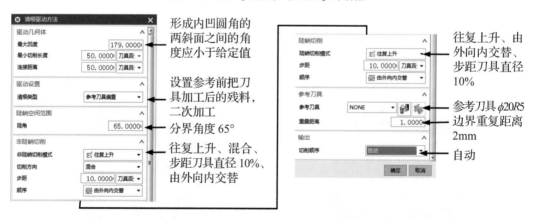

图2-3-28　【清根驱动方法】对话框

7）反面加工——型腔侧面精加工。在原有部件的基础上填充十字槽，作为侧面加工部件。填补部件的目的是因为在原有部件上生成刀具轨迹必然会产生很多跳刀现象，影响生产效率，所以先在十字槽处将面补上再进行精加工。

选择【插入】—【工序】—【型腔铣】—【固定轴轮廓铣】菜单命令，弹出【固定轴轮廓铣】对话框，设置刀具为 $\phi 8R4$ 球头铣刀，名称为"型腔侧面精加工"，其他要求如下：

- 指定切削区域：型腔侧面与底面圆角。
- 驱动方法：区域铣削。
- 步距：残余高度 0.02mm。
- 切削模式：跟随周边、顺铣。
- 步距已应用：在部件上。
- 余量：0mm。
- 主轴转速：1000r/min。
- 进给速度：40mm/min。

单击【生成轨迹】按钮，生成的刀具轨迹如图 2-3-30 所示。

图 2-3-29　清根刀具轨迹

图 2-3-30　侧面精加工刀具轨迹

因为要避免侧面和底面出现接刀痕，所以生成侧面精加工轨迹时，在底部圆角和侧面有一部分是重合的。选中底部圆角时，刀具轨迹覆盖整个底部圆角，其中有一部分刀具轨迹是不必要的，需要删除。右击生成的侧面加工刀具轨迹，选择【刀轨】—【编辑】菜单命令，在弹出的【编辑刀轨】对话框中设置参数，要求如下：

- 选择过滤器：全部。
- 图形选择：范围。
- 开始事件：刀具轨迹退刀。
- 结束事件：圆角刀具轨迹。

单击【删除】按钮删除选中的刀具轨迹。在刀具轨迹处添加刀轨事件，选择"移动"，给定移动坐标 (-20，-30，50)。修剪后的侧面精加工刀具轨迹如图 2-3-31 所示。

图 2-3-31　修剪后的侧面精加工刀具轨迹

8）反面加工——底面精加工。

选择【插入】—【创建工序】菜单命令，具体要求如下：

- 类型：MILL-PLANAR。
- 程序：反面加工。
- 几何体：WORKPIECE3。
- 工序子类型：底壁加工。
- 刀具：ϕ16 立铣刀。
- 名称：底面精加工。

单击【确定】按钮，在弹出的【型腔铣】对话框中设置参数，要求如下：

- 切削模式：跟随周边。
- 余量：0mm。
- 进给速度：80mm/min。
- 步距：刀具直径百分比 50%。
- 主轴转速：3000r/min。

单击【生成轨迹】按钮，生成的刀具轨迹如图 2-3-32 所示。

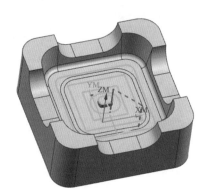

图 2-3-32　底面精加工刀具轨迹

9）反面加工——狭槽精加工。

选择【插入】—【创建工序】菜单命令，具体要求如下：

- 类型：MILL-CONTOUR。
- 程序：反面加工。
- 几何体：MCS2。
- 工序子类型：固定轴轮廓铣。
- 刀具：ϕ3R1.5 球头铣刀。
- 名称：狭槽精加工。

单击【确定】按钮，在弹出的【型腔铣】对话框中设置参数，要求如下：

- 指定切削区域：底面狭槽。
- 步距：残余高度 0.02mm。
- 步距已应用：在部件上。
- 封闭区域进刀：螺旋进刀。
- 进给速度：150mm/min。
- 驱动方法：区域铣削。
- 切削模式：跟随周边、顺铣、向内。
- 余量：0mm。
- 主轴转速：8000r/min。

单击【生成轨迹】按钮，生成的刀具轨迹如图 2-3-33 所示。

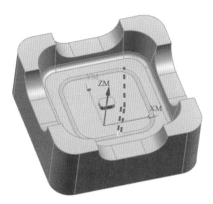

图 2 - 3 - 33　狭槽精加工刀具轨迹

桶凳凹模加工 1

桶凳凹模加工 2

3　桶凳凹模加工实训

对桶凳凹模进行工艺分析、数控编程，将经过后处理的程序传输到数控机床中进行实操加工，加工过程及加工结果参照任务实施过程。

任务拓展

基于本任务所学的阵列刀具轨迹、修剪刀具轨迹、参考刀具清根命令，针对不同型腔练习编写加工程序。

综合练习

扫一扫　练一练

班级：　　　　　姓名：　　　　　评测得分：

任务 3　桶凳模型的加工评测

❓ 1. 请根据桶凳凹模的余料整体情况，选择合适的余料划分方案，并说明理由。

✏ 我的选择：（　　）。

理由是：＿＿＿＿＿＿＿＿＿＿＿＿＿＿

❓ 2. 认真观察下图，按要求回答问题。

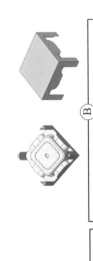

✏（1）为加工区域 3 选择合适的刀具轨迹，并说明理由。

我的选择：（　　）。

理由是：＿＿＿＿＿＿＿＿＿＿＿＿＿＿

✏（2）为加工区域 2 配置合适的刀具及切削参数。

主轴转速 S 为（　　）r/min；进给速度 F 为（　　）mm/min；切削深度 ap 为（　　）mm；层深为（　　）mm。

✏（3）对于加工区域 4，在自动编程中选用（　　）刀具进行加工。

A. 立铣刀　　B. 球头铣刀　　C. 圆角立铣刀　　D. 面铣刀

✏（4）对于狭槽 5，粗加工时采用 $\phi3$ 球头铣刀加工，其巡行规律为（　　）。

A. 环切　　B. 行切　　C. 分层环切　　D. 分层行切

✏（5）对于十字槽 1，精加工时只需编制一个方向的精加工刀具轨迹，另一个方向直接对刀具轨迹（　　）即可。

A. 复制　　B. 重新创建　　C. 编辑修改　　D. 阵列

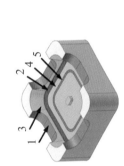

模块 3 工业用品

导读

前面两个模块讲解的是零件的三轴加工，随着加工技术的发展以及零件应用领域的需求不断提高，三轴加工并不能满足全部加工要求，例如，对于需要进行多面加工的零件，采用四轴加工中心加工的话质量和效率更高。本模块以加工中心常用的铣刀体和用于生产口罩的口罩辊切模为例，讲解四轴加工的基本原理、四轴刀轴法矢的选择方法、二维刀具轨迹转换四轴刀具轨迹的编程方法等。

本模块包含 2 个任务：

任务 1　四轴定向加工——铣刀体制作

任务 2　四轴联动加工——口罩辊切模制作

学习目标

1.掌握四轴加工与三轴加工的区别。

2.掌握四轴加工的装夹方法。

3.掌握二维刀具轨迹转换四轴刀具轨迹的编程方法。

4.掌握四轴刀轴法矢的选择方法。

素养目标

1.通过学习四轴加工，综合培养学生的"5S"意识，为参加企业实际工作奠定基础。

2.在防疫工作中，口罩起到重要作用。同学们应在了解口罩辊切模在口罩生产中的作用，学会口罩辊切模加工技术的基础上，感受到国家在抗疫过程中投入的巨大力量，增强民族自豪感。

任务 1 ⟋ 四轴定向加工——铣刀体制作

🛉 任务描述

根据附件"铣刀体"图纸，分析图纸的尺寸精度及技术要求。编制铣刀体加工工艺，并利用 UG 软件中的加工模块编制铣刀体加工程序，为后续数控铣床加工环节做准备。

🛉 任务目标

☆会编制铣刀体的工艺方案。

☆会编写铣刀体的加工程序。

🛉 知识学习

知识点：

★四轴机床结构特点　★四轴加工优点及应用领域

1 四轴机床结构特点

（1）四轴的定义。在 CNC 加工中心里，四轴机床指的是配有 X、Y、Z 这 3 个直线轴以及 A、B、C 这 3 个旋转轴之一的加工中心，且 3 个直线轴与一个旋转轴可以进行插补运算及加工，即为联动。通常，立式机床配备的第四轴为 A 轴，卧式机床配备的第四轴为 B 轴。

（2）四轴坐标的确立及其代码的表示。

Z 轴的确定：机床主轴轴线方向或装夹工件的工作台垂直方向为 Z 轴。

X 轴的确定：与工件安装面平行的水平面或在水平面内垂直于工件的旋转轴线的方向为 X 轴，远离主轴轴线的方向为正方向。

四轴机床的坐标轴包含直线坐标 X 轴、Y 轴、Z 轴，旋转坐标 A 轴、B 轴。

A 轴：绕 X 轴旋转的为 A 轴。

B 轴：绕 Y 轴旋转的为 B 轴。

四轴的两种形式：$XYZ+A$、$XYZ+B$

XYZ+A：适合加工旋转类工件，进行车铣复合加工。

XYZ+B：工作台相对较小、主轴刚性差。适合加工小产品。

四轴机床可以实现除产品底面外的 5 个面的加工。

2　四轴机床加工的优点

（1）三轴加工机床无法加工到的或需要装夹过长工件（如长轴类零件）的加工，可以通过四轴旋转工作台完成。

（2）提高自由空间曲面的加工精度和质量。

（3）刀具切削条件得到很大改善，延长刀具寿命。

（4）有利于生产集中化。

（5）缩短装夹时间，减少加工工序，尽可能通过一次定位进行多工序加工，减少定位误差。

（6）有效提高加工效率。

3　四轴加工中心的工作模式

四轴加工中心一般有两种工作模式：定位加工和插补加工，下面以 *XYZ+A* 形式为例，讲解两种工作模式的特点。

（1）定位加工。在进行多面体零件加工时，要求多面体的各个加工面在围绕 *A* 轴旋转后与 *A* 轴平行，这需要通过安装在第四轴上的夹具将零件固定在旋转工作台上，再校正基准面以确定工件坐标系 *A* 轴零点位置。在实际加工中，先通过 *A* 轴的角度旋转得到加工面的正确位置，然后利用相关指令锁定该位置，保证加工过程中加工面与 *A* 轴零点位置固定，从而确保该加工面内所有元素能够完整正确加工。加工多面体的下一个加工面时，只需将 *A* 轴旋转一定角度至下一个加工面并锁定即可。此类加工中，*A* 轴仅起分度作用，没有参与插补加工，因此没有体现四轴联动运算。

（2）插补加工。回转零件的轴面轮廓加工或螺旋槽的加工就是典型的利用四轴联动插补计算实现的插补加工。例如，圆柱面上的回转槽、圆柱凸轮的加工等，这主要是通过 *A* 轴的旋转加 *X* 轴的移动来实现的。此时需要将 *A* 轴展开，与 *X* 轴做插补运算，以确保 *A* 轴与 *X* 轴的联动。

学习札记

任务实施

1 **编制工艺方案**

（1）模型尺寸如图 3-1-1 所示。

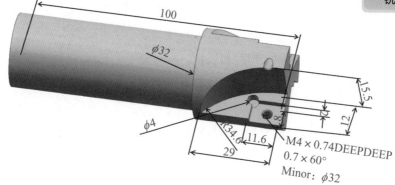

图 3-1-1　模型尺寸

根据如图 3-1-1 所示的模型尺寸分析：

1）模型极限尺寸：总长 100mm，最大直径 ϕ32mm。

2）铣刀槽的圆弧半径 R34.6mm，高度 15.5mm。

3）刀槽平面最大长度 29mm，最大宽度 12mm。

4）刀片槽最大长度 11.6mm，宽度 8mm，深度 2mm，圆弧直径 ϕ4mm。

（2）毛坯及装夹方案确定。

1）毛坯尺寸。如图 3-1-2 所示，阶梯轴总长 100mm，最大直径 ϕ32mm。

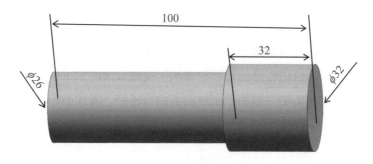

图 3-1-2　毛坯尺寸

2）装夹方案。

定位基准为铣刀头轴线。零点选择顶面中心。夹具为自定心卡盘，如图 3-1-3 所示。

3）加工余料确定，如图 3-1-4、图 3-1-5 所示。

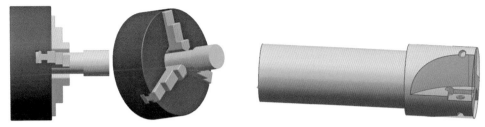

图 3－1－3　工件装夹　　　　　　　　图 3－1－4　部件与毛坯求差

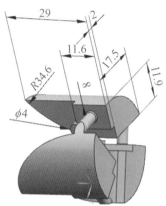

图 3－1－5　余料整体

（3）工序——铣刀头加工。

1）工步划分，如图 3－1－6 所示。

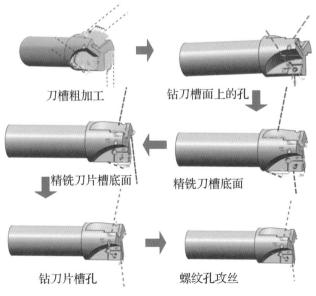

刀槽粗加工　　　　　　　　钻刀槽面上的孔

精铣刀片槽底面　　　　　　精铣刀槽底面

钻刀片槽孔　　　　　　　　螺纹孔攻丝

图 3－1－6　工步划分

- 刀槽粗加工：$\phi 6$ 立铣刀。　　　　- 钻削刀槽面上的孔：$\phi 4$ 麻花钻。

- 精铣刀槽底面：$\phi 6$ 立铣刀。
- 精铣刀片槽底面：$\phi 3$ 立铣刀。
- 钻削刀片槽上的螺纹底孔：$\phi 3.3$ 麻花钻。
- 刀片槽上的螺纹底孔攻丝：M4 丝锥。

2）切削参数选择。根据 CAM 电子切削用量选择表确定切削参数，见表 3-1-1。

表 3-1-1　切削参数

刀具名称	刀路	层深（mm）	行距（刀具百分比）	主轴转速（r/min）	进给速度（mm/min）	其他
$\phi 6$ 立铣刀	分层环切	1	50%	3 000	1 000	
$\phi 4$ 麻花钻	标准钻	3		800	30	
$\phi 6$ 立铣刀	分层环切	0.3	50%	5 000	1 000	
$\phi 3$ 立铣刀	分层环切	0.3	50%	6 000	1 000	
$\phi 3.3$ 麻花钻	标准钻	通孔		800	30	
M4 丝锥	攻丝	4		100	70	

（4）填写工艺卡。按照上述设计填写机械加工工艺过程卡片，包括装夹方法和具体切削参数等均填写在相应表格内，机械加工工艺过程卡片见附件"铣刀体机械加工工艺过程卡片"。

二维码　铣刀体编程 1

二维码　铣刀体编程 2

（5）填写工序卡。主要填写工艺信息，包括各个工步的主轴转速、切削速度、进给速度、切削深度以及进给次数等，机械加工工序卡片见附件"铣刀体机械加工工序卡片"。

2　编写加工程序

（1）编程准备。

1）打开文件，创建毛坯。启动 UG 软件，打开铣刀体模型，以铣刀头端面为草图平面，创建草图"SKETCH_000"，具体尺寸如图 3-1-7 所示。

拉伸毛坯要求如下：

- 截面：曲线"草图 SKETCH_000"。
- 拉伸方向：$+X$ 轴。
- 拉伸方式："开始"选项选择"值"，"距离"输入"0mm"；"结束"选项选择"值"，距离输入"32mm"。
- 布尔运算方式：无。

2）创建程序顺序。根据装夹方案创建程序顺序。选择【插入】—【程序】菜单命令，弹出【创建程序】对话框，

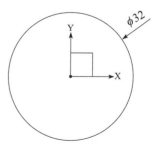

图 3-1-7　毛坯草图

在对话框中输入名称"铣刀体加工"。

3）创建刀具。根据机械加工工序卡片创建所用刀具。选择【插入】—【创建刀具】菜单命令，创建 ϕ6 立铣刀、ϕ4 麻花钻、ϕ3.3 麻花钻，M4 丝锥，ϕ3 立铣刀。

4）创建几何体和工件坐标系。按照装夹方案，在 WORKPIECE 中设置好部件和毛坯，将工件坐标系 MCS-MILL 放置在毛坯左端面圆心位置，如图 3 - 1 - 8 所示。

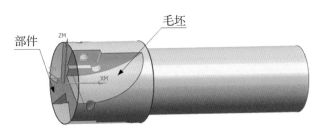

图 3 - 1 - 8 部件与毛坯

（2）创建工序——铣刀体粗、精加工。

刀槽粗加工。选择【插入】—【创建工序】菜单命令，具体要求如下：

- 类型：MILL-CONTOUR。
- 工序子类型：型腔铣。
- 程序：铣刀体加工。
- 刀具：ϕ6R0 立铣刀。
- 几何体：WORKPIECE。
- 名称：刀槽粗加工。

单击【确定】按钮，在弹出的【型腔铣】对话框中设置参数，要求如下：

- 修剪边界：整个刀槽边界。
- 刀轴指定矢量：刀槽底面。
- 切削模式：跟随周边。
- 步距：刀具直径百分比 50%。
- 公共每刀切削深度：1mm。
- 切削方向：顺铣。
- 刀具轨迹方向：向内。
- 余量：0.3mm。
- 主轴转速：3000r/min。
- 进给速度：1000mm/min。

单击【生成轨迹】按钮，刀槽型腔铣刀具轨迹如图 3 - 1 - 9 所示，仿真加工效果如图 3 - 1 - 10 所示。

图 3 - 1 - 9 刀具轨迹

图 3 - 1 - 10 仿真加工效果

（3）钻刀槽面上的孔。选择【插入】—【创建工序】菜单命令，具体要求如下：

- 类型：DRILL。
- 工序子类型：钻孔。

- 程序：铣刀体加工。
- 刀具：$\phi 4$ 麻花钻。
- 几何体：WORKPIECE。
- 名称：钻孔。

单击【确定】按钮，在弹出的【钻孔】对话框中设置参数，要求如下：

- 指定孔：刀槽上的孔。
- 刀轴指定矢量：刀槽底面。
- 循环类型：标准钻。
- 深度：模型深度。
- Rtrcto 值：50mm。
- 最小安全距离：3mm。
- 避让：单个孔不必设置避让。
- 主轴转速：800r/min。
- 进给速度：30mm/min。

单击【生成轨迹】按钮，刀具轨迹如图 3-1-11 所示，仿真加工效果如图 3-1-12 所示。

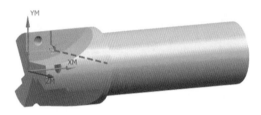

图 3-1-11　刀具轨迹

图 3-1-12　仿真加工效果

（4）精铣刀槽底面。选择【插入】—【创建工序】菜单命令，具体要求如下：

- 类型：MILL-CONTOUR。
- 工序子类型：型腔铣。
- 程序：铣刀体加工。
- 刀具：$\phi 6R0$ 立铣刀。
- 几何体：WORKPIECE。
- 名称：精铣刀槽底面。

单击【确定】按钮，在弹出的【型腔铣】对话框中设置参数，要求如下：

- 切削区域：刀槽底面。
- 刀轴指定矢量：刀槽底面。
- 切削模式：跟随周边。
- 步距：刀具直径百分比 50%。
- 公共每刀切削深度：0mm。
- 切削层范围深度：16mm。
- 切削参数：底面余量为 0。
- 切削方向：向内。
- 主轴转速：5000r/min。
- 进给速度：1000mm/min。

单击【生成轨迹】按钮，刀具轨迹如图 3-1-13 所示，仿真加工效果如图 3-1-14 所示。

图 3-1-13　刀具轨迹

图 3-1-14　仿真加工效果

（5）精铣刀片槽底面。选择【插入】—【创建工序】菜单命令，具体要求如下：

- 类型：MILL-CONTOUR。
- 工序子类型：型腔铣。
- 程序：铣刀体加工。
- 刀具：ϕ3R0 立铣刀。
- 几何体：WORKPIECE。
- 名称：精铣刀槽底面。

单击【确定】按钮，在弹出的【型腔铣】对话框中设置参数，要求如下：

- 切削区域：刀片槽底面。
- 刀轴指定矢量：刀片槽底面。
- 切削模式：跟随周边。
- 步距：刀具直径百分比 50%。
- 公共每刀切削深度：0mm。
- 切削层范围深度：18mm。
- 切削参数：底面余量为 0。
- 切削方向：向内。
- 主轴转速：6000r/min。
- 进给速度：1000mm/min。

单击【生成轨迹】按钮，刀具轨迹如图 3 - 1 - 15 所示，仿真加工效果如图 3 - 1 - 16 所示。

图 3 - 1 - 15 刀具轨迹

图 3 - 1 - 16 仿真加工效果

（6）钻削刀片槽底面上的螺纹底孔。选择【插入】—【创建工序】菜单命令，具体要求如下：

- 类型：DRILL。
- 工序子类型：钻孔。
- 程序：铣刀体加工。
- 刀具：ϕ3.3 麻花钻。
- 几何体：WORKPIECE。
- 名称：钻孔。

单击【确定】按钮，在弹出的【钻孔】对话框中设置参数，要求如下：

- 指定孔：刀槽上的孔。
- 刀轴指定矢量：刀槽底面。
- 循环类型：标准钻。
- 深度：通孔。
- Rtrcto 值：50mm。
- 最小安全距离：3mm。
- 通孔安全距离：1.5mm。
- 避让：单个孔不必设置避让。
- 主轴转速：800r/min。
- 进给速度：30mm/min。

单击【生成轨迹】按钮，刀具轨迹如图 3 - 1 - 17 所示，仿真加工效果如图 3 - 1 - 18 所示。

图 3-1-17　刀具轨迹　　　　　　　图 3-1-18　仿真加工效果

（7）攻丝。选择【插入】—【创建工序】菜单命令，具体要求如下：

- 类型：DRILL。
- 程序：铣刀体加工。
- 几何体：WORKPIECE。
- 工序子类型：攻丝。
- 刀具：M4 丝锥。
- 名称：刀片槽底孔攻丝。

单击【确定】按钮，在弹出的【攻丝】对话框中设置参数，要求如下：

- 指定孔：刀片槽上的孔。
- 循环类型：标准攻丝。
- Rtrcto 值：50mm。
- 避让：单个孔不必设置避让。
- 进给速度：70mm/min。
- 刀轴指定矢量：刀片槽底面。
- 深度：刀肩深度 4mm。
- 最小安全距离：3mm。
- 主轴转速：100r/min。

单击【生成轨迹】按钮，刀具轨迹如图 3-1-19 所示，仿真加工效果如图 3-1-20 所示。

图 3-1-19　刀具轨迹　　　　　　　图 3-1-20　仿真加工效果

（8）刀具轨迹阵列。

1）在工序导航器中选中所有程序，单击鼠标右键，选择【对象】—【变换】菜单命令，设置刀具轨迹阵列参数，如图 3-1-21 所示。

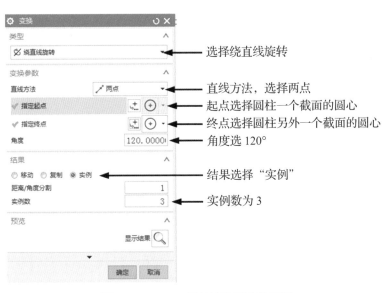

图 3 - 1 - 21 刀具轨迹阵列参数设置

2）阵列刀具轨迹，如图 3 - 1 - 22 所示。

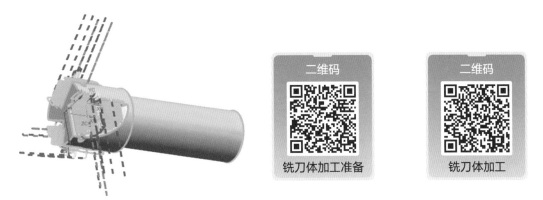

图 3 - 1 - 22 阵列刀具轨迹

铣刀体加工准备

铣刀体加工

3 铣刀体加工实训

对铣刀体进行工艺分析、数控编程，将经过后处理的程序传输到数控机床中进行实操加工，加工过程及加工结果参照任务实施过程。

任务拓展

基于本任务所学的型腔铣、钻削、阵列刀具轨迹命令，针对不同的回转体编制加工程序。

四轴定向编程练习

扫一扫 练一练

任务
1

班级：　　　　姓名：　　　　评测得分：

任务 1　铣刀体模型的加工评测

❓认真观察下面的图样，按要求回答问题。

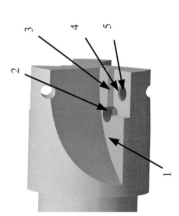

📝（1）加工 1 号区域时，在自动编程中选择的加工方法为（　）。

A. 平面铣　　　　B. 固定轴轮廓铣

C. 可变轴轮廓铣　　D. 钻削

📝（2）进行 2 号区域的孔的加工时，应采用的加工顺序为（　）。

A. 先加工 2 号区域的孔，再加工 1 号区域的平面

B. 先加工 1 号区域的平面，再加工 2 号区域的孔

📝（3）进行 5 号区域的螺纹孔加工时，应采用的加工顺序为（　）。

A. 加工平面—加工底孔—攻丝—倒角

B. 加工平面—加工底孔—倒角—攻丝

C. 加工底孔—加工平面—攻丝—倒角

D. 加工底孔—倒角—攻丝—加工平面

📝（4）5 号区域的螺纹孔为 M4，钻削底孔直径时应选用（　）mm 钻头。

A. ϕ3　　B. ϕ3.3　　C. ϕ3.5　　D. ϕ3.8

📝（5）请为加工 5 号区域的螺纹孔用的 M4 丝锥配置加工参数。

主轴转速 S 为（　）r/min，进给速度 F 为（　）mm/min。请说明理由：

📝（6）对于 2 号区域和 3 号区域，应先加工（　）。

📝（7）四轴加工过程中，回转轴 A 是绕（　）轴旋转形成的。

A. X　　B. Y　　C. Z　　D. F

任务2 / 四轴联动加工——口罩辊切模制作

⋏ 任务描述

　　根据附件"口罩辊切模""口罩辊切模展开图"图纸，分析图纸的尺寸精度及技术要求。编制口罩辊切模加工工艺，并利用 UG 软件中的加工模块编写口罩辊切模加工程序，并模拟仿真，最终在数控铣床上完成加工。

⋏ 任务目标

　　☆会编制口罩辊切模的工艺方案。

　　☆掌握二维刀具轨迹转换四轴刀具轨迹的方法。

⋏ 知识学习

　　知识点：

　　★缠绕/展开曲线　　★可变轮廓铣

1　缠绕/展开曲线

　　（1）命令打开方式。运行 UG 软件，选择【插入】—【派生曲线】—【缠绕/展开曲线】菜单命令，如图 3-2-1 所示。

　　（2）命令使用方法。该命令主要用于在圆柱面或圆锥面上写字，制作特殊曲线、异型孔等。注意，该命令只能用在圆柱面或圆锥面上，不能用在异形曲面上，要制作的曲线也是需要与圆柱面或圆锥面相切的。如图 3-2-2 和图 3-2-3 所示为该命令下的操作界面。

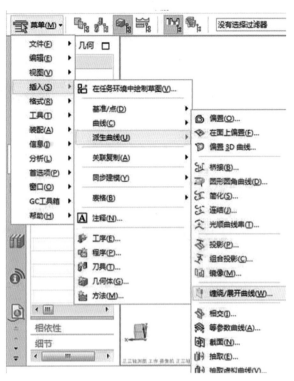

图 3-2-1 【缠绕 / 展开曲线】选项

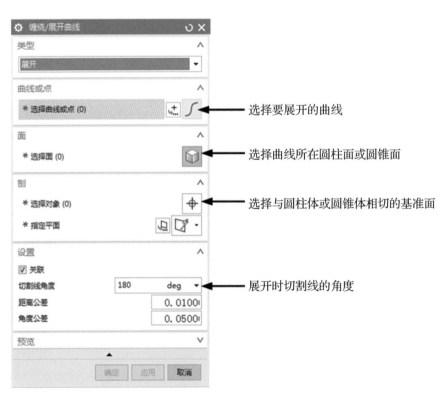

选择要展开的曲线

选择曲线所在圆柱面或圆锥面

选择与圆柱体或圆锥体相切的基准面

展开时切割线的角度

图 3-2-2 曲线展开命令选项

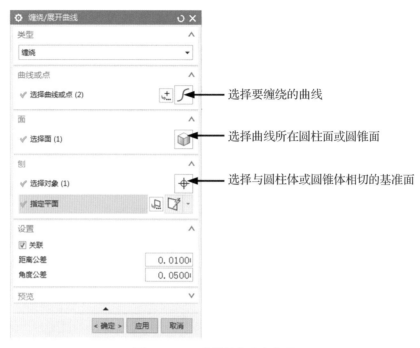

图 3-2-3　曲线缠绕命令选项

2　可变轮廓铣

可变轮廓铣是指通过驱动面、驱动线或驱动点来产生驱动轨迹，然后把这些驱动元素按照一定的投影方法投影到被加工曲面上，最后依据某种规则生成刀具路径。在可变轴曲面轮廓铣中，刀轴矢量可以在加工曲面的不同位置，根据一定的规律变化。

（1）可变轮廓铣的基本概念。

1）零件几何体：用于加工的几何体。

2）驱动几何体：用来产生驱动轨迹的几何体。

3）驱动点：从驱动几何体上产生的按照某种投影方法投影到零件几何体上的轨迹点。

4）驱动方法：驱动点产生的方法。有些驱动方法可直接在曲线上产生一系列驱动点，有些驱动方法则是在一定面积内产生按一定规则排列的驱动点。

5）投影矢量：用于指引驱动点按照一定规则投影到零件表面，同时决定刀具与零件表面的接触位置。选择的驱动方法不同，可用的投影矢量方式也不同。即：驱动方法决定投影矢量的可用性。

6）刀轴：即刀轴矢量，用于控制刀轴的变化规律。选择的驱动方法不同，可用的刀轴控制方式也不同。即：驱动方法决定刀轴控制方法的可用性。

（2）可变轮廓铣的驱动方法。驱动方法是指定义刀具路径的驱动点的产生方法。驱动点的排列顺序是按照驱动曲面网格的构造顺序来生成的。UG 软件在多轴加工中提供了多种类型的驱动方法，选择何种驱动方法与被加工零件表面的形状及其复杂程度有关。确定了驱动方法之后，驱动几何类型、刀轴控制方法也随之确定。可变轮廓铣的加工共有 8 种驱动方法，如图 3-2-4 所示，这里重点介绍曲线 / 点驱动和曲面驱动两种方法。

1）曲线 / 点驱动。通过指定曲线或点来定义驱动几何。选择点作为驱动几何时，在所选点之间用直线创建驱动路径；选择曲线作为驱动几何时，驱动点沿指定曲线生成。两种情况下，驱动几何都投影到零件几何表面上，刀具路径也都创建在零件几何表面上，曲线可以是封闭或开放、连续或非连续的，也可以是平面曲线或空间曲线。通过点定义驱动几何时，刀具按选择点的顺序，沿着刀具路径从一个点向下一个点移动；通过曲线定义驱动几何时，刀具按选择曲线的顺序，沿着刀具路径从一条曲线向下一条曲线移动。

选择曲线或点作为驱动几何后，图形窗口会显示一个矢量方向，表示默认的切削方向。对开口曲线，靠近选择曲线的端点是刀具路径的开始点；对封闭曲线，开始点和切削方向由选择段的次序决定。在"曲线 / 点驱动"中，有时可以采用负的余量值，以便让刀具切削到被选零件几何表面里面。

图 3-2-4　可变轮廓铣的驱动方法

2）曲面驱动。在多轴加工中，曲面区域驱动是应用最为广泛的驱动方法之一。曲面区域驱动可以在驱动曲面的网格上创建按一定规则分布的驱动点，利用这些驱动点，按照一定的数学关系沿指定的投影方向投射到被加工零件表面，即可生成刀具路径。由于曲面区域驱动方法对刀轴以及驱动点的投影矢量提供了附加的控制选项，因此常用于多轴铣削以及复杂零件曲面的加工。

通常要求驱动曲面的行列网格呈偶数分布。为了使刀轴在被加工面尖角处不发生刀轴突变，通常利用规则的驱动曲面来控制刀轴的矢量方向。选择驱动曲面时，必须有序选择，而不能随机选择。驱动曲面的选择顺序决定了驱动曲面网格的行列方向。

（3）可变轮廓铣的刀轴控制。刀轴控制方法有 12 种，如图 3-2-5 所示，这里重点讲解常用的 11 种方法。

1）远离点。通过指定一个聚点来定义投影矢量，定义的投影矢量以指定的点为起点，并指向工件几何表面，形成放射状投影。

2）朝向点。通过指定一个聚点来定义投影矢量，定义的投影矢量以工件几何表面为起点，并指向定义的点。在指定同一个点时，指向点和离开点的投影矢量方向恰好相反。

3）远离直线。通过指定一条直线来定义投影矢量，定义的投影矢量以指定的直线为起点，并垂直于直线，且指向工件的几何表面。需要注意的是，此处的直线为空间无限长的直线，而非线段。

4）朝向直线。通过指定一条直线来定义投影矢量，定义的投影矢量以工件几何表面为起点，并指向指定的直线且垂直于直线。在指定同一直线时，指向直线和离开直线的投影矢量方向恰好相反。

5）相对于矢量。在指定一个固定矢量的基础上，通过指定刀轴相对于这个矢量的引导角度和倾斜角度来定义出一个可变矢量作为刀轴矢量。

图 3-2-5　可变轮廓铣的刀轴控制方法

①前倾角：用于定义刀具沿刀具运动方向朝前或朝后倾斜的角度。引导角度为正时，刀具基于刀具路径的方向朝前倾斜；引导角度为负时，刀具基于刀具路径的方向朝后倾斜。

②侧倾角：用于定义刀具相对于刀具路径向外倾斜的角度。沿刀具路径看，倾斜角度为正，使刀具向刀具路径右侧倾斜；倾斜角度为负，使刀具向刀具路径左侧倾斜。侧倾角与引导角不同，它总是固定在一个方向，并不依赖于刀具运动方向。

6）垂直于部件。使可变刀轴矢量在每一个接触点均垂直于工件几何表面。

7）相对于部件。通过指定引导角度与倾斜角度来定义相对于工件几何表面法向矢量的可变刀轴矢量，与"相对于矢量"选项的含义类似，只是用零件几何表面的法向代替指定的一个矢量。

在如图 3-2-6 所示的对话框中可以指定引导角度、倾斜角度以及它们的最大值与最小值。当引导角与倾斜角引起刀具过切工件时，系统就会忽略引导角与倾斜角。其中，前倾角与侧倾角的含义与"相对于矢量"选项中的相同，不再赘述。

最小前倾角与最大前倾角：用于限制刀轴的可变性，可以定义刀轴偏离引导角的允许范围。输入的"最小前倾角"的值必须小于或等于"前倾角"的值；输入的"最大前倾角"的值必须大于或等于"前倾角"的值。

最小侧倾角与最大侧倾角：用于限制刀轴的可变性，可以定义刀轴偏离倾斜角的允许范围。输入的"最小侧倾角"的值必须小于或等于"侧倾角"的值；输入的"最大侧倾角"的值必须大于或等于"侧倾角"的值。

8）4 轴，垂直于部件。通过指定旋转轴（即第四轴）及其旋转角度来定义刀轴矢量，如图 3-2-7 所示。即刀轴先从零件几何表面法向投射到旋转轴的法向平面，然后基于刀具运动方向朝前或朝后倾斜一个旋转角度。

图 3-2-6　相对于部件驱动方式参数设置　　图 3-2-7　4 轴，垂直于部件参数设置

旋转角度：刀轴基于刀具运动方向朝前或朝后的倾斜角度。旋转角度为正时，使刀轴基于刀具路径的方向朝前倾斜；旋转角度为负时，使刀轴基于刀具路径的方向朝后倾斜。旋转角与引导角不同，它不依赖于刀具的运动方向，而总是向零件几何表面的同一侧倾斜。

9）4 轴，相对于部件。通过第四轴及其旋转角度、引导角度与倾斜角度来定义刀轴矢量。即先使刀轴从零件几何表面法向基于刀具运动方向朝前或朝后倾斜一定的引导角度与倾斜角度，然后投射到正确的第四轴运动平面，最后旋转一定的旋转角度。相关参数可在如图 3-2-8 所示的对话框中设置。该选项与"4 轴，垂直于部件"选项的含义类似，由于该选项是一种 4 轴加工方法，因此一般保持倾斜角度为 0 度。

10）双 4 轴在部件上。该种刀轴控制方法只能用于"Zig-Zag"（"Z"字形往复）切削方法，而且分别进行切削。该选项通过指定第四轴及其旋转角度、引导角度、倾斜角度来定义刀轴矢量。即分别在 Zig 方向与 Zag 方向，先使刀轴从零件几何表面法向基于刀具运动方向朝前或朝后倾斜一定的引导角度与倾斜角度，然后投射到正确的第四轴运动平面，最后旋转一定的旋转角度。相关参数可在如图 3-2-9 所示的对话框中设置。

图 3 - 2 - 8 4 轴，相对于部件参数设置

图 3 - 2 - 9 双 4 轴，相对于部件参数设置

11）插补矢量。通过在指定的点定义矢量方向来控制刀轴。当驱动几何或零件非常复杂，又没有附加刀轴控制几何体（点、线、矢量、光顺的驱动几何体等）时，会导致刀轴矢量存在过多的变化。通过插补刀轴可以进行有效的控制，而不需要构建额外的刀轴控制几何，同时，可以用来调整刀轴，以避免刀具悬空或避让障碍物。只有在变轴铣操作中选择曲线为点驱动方法或曲面驱动方法时，插补矢量选项才可用。可以从驱动几何体上定义所需要的足够多的矢量，以保证光顺刀轴移动，刀轴通过在驱动几何体上指定矢量进行插补，指定的矢量越多，对刀轴的控制就越多。

学习札记

 任务实施

1 编制工艺方案

（1）模型尺寸如图 3 - 2 - 10 所示。

二维码

口罩辊切模工艺

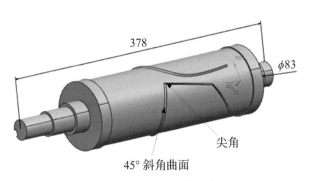

378

φ83

尖角

45°斜角曲面

图 3 - 2 - 10 模型尺寸

1）模型极限尺寸：总长 378mm，最大直径 ϕ83mm。

2）模型曲线拐角处存在尖角。

3）口罩辊切模刃口是缠绕在圆柱面上的曲面，需要四轴联动加工。

4）刃口背面为 45° 斜角曲面，需用倒角刀加工。

（2）毛坯及装夹方案确定。

1）毛坯尺寸。阶梯轴总长 378mm，最大直径 ϕ83mm，如图 3 – 2 – 11 所示。

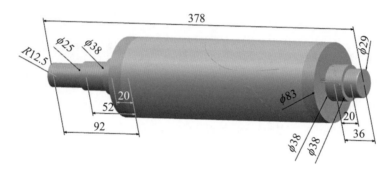

图 3 – 2 – 11　毛坯尺寸

2）装夹方案如图 3 – 2 – 12 所示。

定位基准为圆柱中心线。零点选择毛坯左侧大面中心。夹具为自定心卡盘、顶尖。

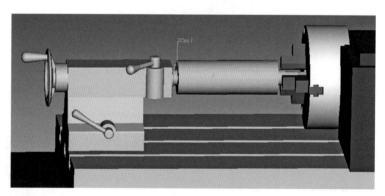

图 3 – 2 – 12　工件装夹

（3）口罩辊切模加工。

1）工步划分如图 3 – 2 – 13 所示。

· 口罩辊切模粗加工：ϕ8 立铣刀。

· 口罩辊切模底面精加工：ϕ8 立铣刀。

· 口罩辊切模刃口曲线精加工：ϕ6 立铣刀。

· 口罩辊切模刃口背面曲线精加工：ϕ6R0.25 倒角刀。

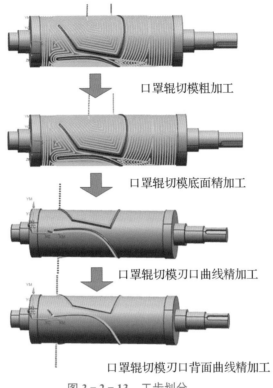

口罩辊切模粗加工

口罩辊切模底面精加工

口罩辊切模刃口曲线精加工

口罩辊切模刃口背面曲线精加工

图 3 - 2 - 13　工步划分

2）切削参数选择。根据 CAM 电子切削用量选择表确定切削参数，见表 3 - 2 - 1。

表 3 - 2 - 1　切削参数

刀具名称	刀路	层深（mm）	行距（刀具百分比）	主轴转速（r/min）	进给速度（mm/min）	其他
ϕ8 立铣刀	分层沿缠绕曲线切削	1	50%	3 000	1 000	
ϕ8 立铣刀	单层沿缠绕曲线切削	1.5	50%	4 000	1 000	
ϕ6 立铣刀	单层沿刃口曲线切削	1.5		5 000	1 000	
ϕ6R0.25 倒角刀	单层沿刃口曲线切削	1.5		5 000	1 000	

（4）填写工艺卡。按照上述设计填写机械加工工艺过程卡片，包括装夹方法和具体切削参数等均填写在相应表格内，机械加工工艺过程卡片见附件"口罩辊切模机械加工工艺过程卡片"。

（5）填写工序卡。主要填写工艺信息，包括各个工步的主轴转速、切削速度、进给量、切削深度以及进给次数等，机械加工工序卡片见附件"口罩辊切模机械加工工序卡片"。

二维码

口罩辊切模编程 1

二维码

口罩辊切模编程 2

二维码

口罩辊切模编程 3

任务 2

2 编写加工程序

（1）编程准备。

1）打开文件，创建毛坯。启动 UG 软件，打开口罩辊切模模型，以铣刀头端面为草图平面，创建草图"SKETCH_000"，具体尺寸如图 3-2-14 所示。

拉伸毛坯要求如下：

● 截面：曲线"草图 SKETCH_000"。

● 拉伸方向：$+X$ 轴。

● 拉伸方式："开始"选项选择"值"，"距离"输入"0mm"；"结束"选项选择"值"，距离输入"220mm"。

● 布尔运算方式：无。

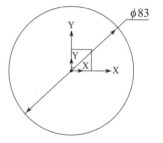

图 3-2-14　毛坯草图

2）创建程序顺序。根据装夹方案创建程序顺序。选择【插入】—【程序】菜单命令，在弹出的【创建程序】对话框中输入名称"口罩辊切模加工"。

3）创建刀具。根据机械加工工序卡片创建刀具。选择【插入】—【创建刀具】菜单命令，创建 $\phi8$ 立铣刀、$\phi6$ 立铣刀、$\phi6R0.25$ 倒角刀。

4）创建几何体和工件坐标系。按照装夹方案，在 WORKPIECE 中设置好部件和毛坯。注意，部件没有选口罩辊切模，而是重新建立一个直径为 $\phi80mm$，长度为 320mm 的圆柱体作为编程时的部件，将工件坐标系 MCS-MILL 放置在口罩辊切模轴肩左端面圆心位置，如图 3-2-15 所示。

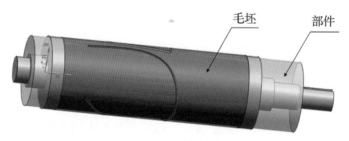

毛坯　部件

图 3-2-15　部件与毛坯

（2）工步一：口罩辊切模粗加工。

1）使用【展开曲线】命令展开刃口曲线，如图 3-2-16 所示。

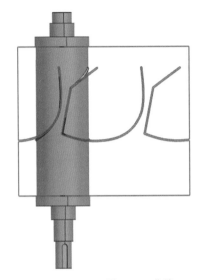

图 3-2-16　展开刃口曲线

2）使用【平面铣】命令依次选择所有曲线，生成的二维刀具轨迹如图 3-2-17 所示。

3）通过后处理，将刀具轨迹曲线生成数据文件，然后使用【样条】命令，将数据文件转换成曲线，如图 3-2-18 所示。

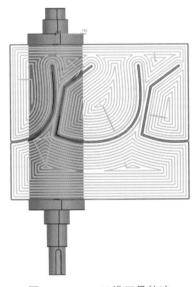

图 3-2-17　二维刀具轨迹

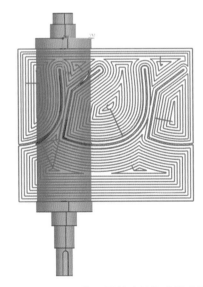

图 3-2-18　二维刀具轨迹转换成的曲线

4）使用【缠绕曲线】命令将前述生成的曲线缠绕到口罩辊切模圆柱面上，如图 3-2-19 所示。

图 3 - 2 - 19　缠绕曲线

5）选择【插入】—【创建工序】菜单命令，设置如下：

- 类型：MILL_MULTI - ASIX。　● 工序子类型：可变轮廓铣。
- 驱动方法：曲线 / 点，拾取缠绕曲线为驱动曲线。
- 切削区域：口罩辊切模圆柱底面（见图 3 - 2 - 20）。　● 投影矢量：刀轴。
- 刀具：$\phi8$ 立铣刀。　　● 刀轴：垂直于部件。
- 精加工余量：0.2mm。　　● 多刀具轨迹：多重深度切削。
- 部件余量偏置：1.6mm。　● 步进："增量"为 1mm。
- 主轴转速：3000r/min。　● 进给速度：1000mm/min。

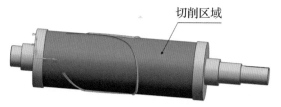

切削区域

图 3 - 2 - 20　切削区域

单击【生成轨迹】按钮，生成口罩辊切模粗加工刀具轨迹，如图 3 - 2 - 21 所示。

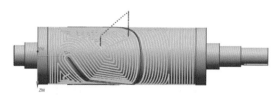

图 3 - 2 - 21　刀具轨迹

6）粗加工刀具轨迹仿真加工效果如图 3 - 2 - 22 所示。

图 3 - 2 - 22　仿真加工效果

（3）工步二：口罩辊切模底面精加工。

1）选择【插入】—【创建工序】菜单命令，设置如下：

- 类型：MILL_MULTI-ASIX。
- 精加工余量为 0，单层刀具轨迹切削。
- 进给速度：1000mm/min。
- 工序子类型：可变轮廓铣。
- 主轴转速：4000r/min。

其他参数与前述粗加工完全相同。单击【生成轨迹】按钮，生成的刀具轨迹如图 3-2-23 所示。

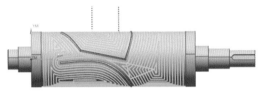

图 3-2-23　刀具轨迹

2）刀具轨迹仿真加工效果如图 3-2-24 所示。

图 3-2-24　仿真加工效果

（4）工步三：口罩辊切模刃口曲线精加工。

1）选择【插入】—【创建工序】菜单命令，设置如下：

- 类型：MILL_MULTI-ASIX。
- 刀轴：垂直于部件。
- 工序子类型：可变轮廓铣。
- 刀具：$\phi6$ 立铣刀。
- 驱动方法："曲线/点"，拾取刃口偏置曲线（偏置量为 3mm）为驱动曲线，单层切削。
- 精加工余量：0mm。
- 进给速度：1000mm/min。
- 主轴转速：5000r/min。

单击【生成轨迹】按钮，生成的刀具轨迹如图 3-2-25 所示。

图 3-2-25　刀具轨迹

2）仿真加工效果如图 3-2-26 所示。

203

图 3 - 2 - 26　仿真加工效果

（5）工步四：口罩辊切模刃口背侧曲线精加工。

1）选择【插入】—【创建工序】菜单命令，设置如下：

- 类型：MILL_MULTI‑ASIX。
- 工序子类型：可变轮廓铣。
- 刀轴：垂直于部件。
- 刀具：$\phi 6R0.25$ 倒角刀。
- 驱动方法："曲线 / 点"，拾取刃口背侧曲线为驱动曲线，单层切削。
- 精加工余量：0mm。
- 主轴转速：5000r/min。
- 进给速度：1000mm/min。

单击【生成轨迹】按钮，生成的刀具轨迹如图 3 - 2 - 27 所示。

图 3 - 2 - 27　刀具轨迹

2）仿真加工效果如图 3 - 2 - 28 所示。

图 3 - 2 - 28　仿真加工效果

3　口罩辊切模加工实训

对口罩辊切模进行工艺分析、数控编程，将经过后处理的程序传输到数控机床中进行实操加工，加工过程及加工结果参照任务实施过程。

任务拓展

基于本任务所学的可变轮廓铣命令，针对不同的回转体编写加工程序。

二维码

口罩辊切模实操加工

二维码

叶片编程练习

扫一扫　练一练

班级：　　　　姓名：　　　　评测得分：

任务 2　口罩辊切模模型的加工评测

❓ 1. 认真观察下面的图样，按要求回答问题。

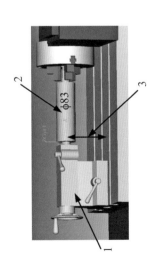

📝 （1）"1" 的名称是（　　）。该装备的作用是（　　）。

A. 垫铁　B. 尾座　C. 合虎钳　D. 自定心卡盘

E. 定位　F. 夹紧

📝 （2）口罩辊切模 "2" 的直径为 φ83mm，展开长度为
（　　）mm。

A. 166　B. 243.62　C. 260.62　D. 130.31

📝 （3）"3" 表示（　　）与（　　）之间的高度，且高度值
为（　　）mm。

A. 自定心卡盘中心　B. 口罩辊切模上表面　C. 工作台上表面

D. 310　E. 300　F. 280　G. 200　H. 虎钳上表面

❓ 2. 看图分析口罩辊切模的加工工艺，按要求回答问题。

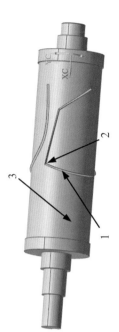

📝 （1）加工 "1" 所指的 45° 斜面时应配置的加工刀具为
（　　）。

A. 立铣刀　B. 钻头

C. 球头铣刀　D. 倒角刀

📝 （2）"2" 所指的尖角处的合理工艺措施为（　　）。

A. 铣削　B. 车削

C. 电火花　D. 线切割

📝 （3）在自动编程过程中，加工 "3" 所指的区域应选取的
刀轴矢量为（　　）。

A. 垂直于部件　B. 远离直线

C. 朝向直线　D. 远离点

参考文献

［1］罗应娜．UG NX 10.0 三维造型全面精通实例教程．北京：机械工业出版社，2020．

［2］赵秀文，苏越．UG NX 10.0 实例基础教程．北京：机械工业出版社，2020．

［3］展迪优．UG NX 8.5 机械设计教程．北京：机械工业出版社，2015．

［4］钟日铭．UG NX 完全实例解析．北京：机械工业出版社，2021．

［5］曹秀中．模具 CAD/CAM—UG 7.0 案例教程．镇江：江苏大学出版社，2019．

［6］展迪优．UG NX 12.0 数控编程教程．北京：机械工业出版社，2020．

［7］王卫兵，王金生．UG NX 8 数控编程学习情境教程．北京：机械工业出版社，2012．

［8］吴明友．UG NX 6.0 数控编程．北京：化学工业出版社，2014．

［9］石亚平．数控编程与 CAM 技术．北京：航空工业出版社，2020．

［10］吴振东．试论"活页教材＋活页笔记＋功能插页"三位一体自主思维模式的构建［J］．新课程研究．2018（9）：62－66．

［11］姚伟卿．新形势下职教教材建设发展探析［J］．教育教学论坛，2019（21）：248－249．

［12］关雅莉，肖博爱．教育信息化 2.0 时期的职教教材建设探索［J］．信息与电脑，2019（14）：253－256．

［13］陆俊杰．类型教育视野下职教教材的定位与实现策略［J］．职教论坛，2019（10）：47－51．

［14］李玉静．职业教育作为一种类型教育：基本特征［J］．职业技术教育，2019（1）：1．

"十四五"新工科应用型教材建设项目成果

21世纪 技能创新型人才培养系列教材
机械设计制造系列

《CAD/CAM应用技术》
配套图纸、工艺卡、工序卡

主　编◎李绍红　张　健

副主编◎王炜罡　邱瑞杰　曹志宏　肖　冰　杨永修

参　编◎张　浩　周显强　吕　迪　吴庆玲　刘圳波

主　审◎颜丹丹　张　洋

中国人民大学出版社
·北京·

目　录

镇尺图纸 ＋ 工艺卡 ＋ 工序卡

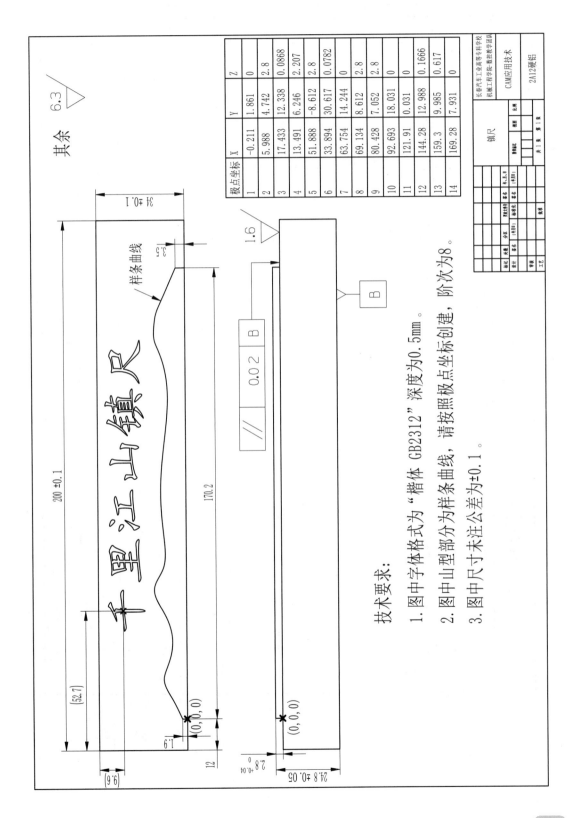

机械加工工艺过程卡片		产品型号		ZC-01		零件图号		ZC-CN-02		总 2 页	第 1 页
		产品名称			镇尺	零件名称		镇尺		共 2 页	第 1 页
材料牌号	2A12	毛坯种类	方料	毛坯外形尺寸	200×34×25	每毛坯可制件数	1	每台件数	1	备注	工 时
工序号	工序名称		工 序 内 容			车间	工段	设备	工艺装备		准终 / 单件
1	铣全部	以底面与侧面为基础，铣全部轮廓至尺寸				1	1	数控铣床	面铣刀、立铣刀、刻字刀、机用虎钳、卡尺		0.5 / 1
									设计(日期)	审核(日期)	标准化(日期)	会签(日期)
描 图											
描 校											
底图号											
装订号							标记	处数	更改文件号	签字	日期
							标记	处数	更改文件号	签字	日期

机械加工工序卡片

产品型号	ZC-01	零件图号	ZC-CN-02	总 2 页	第 2 页
产品名称	镇尺	零件名称	镇尺	共 2 页	第 2 页

车间	工序号	工序名称	材料牌号
1	1	铣全部	2A12硬铝

毛坯种类	毛坯外形尺寸	每台件数
方料	200×34×25	1

设备名称	设备型号	设备编号	同时加工件数
数控铣床	VMC850F	31	1

夹具编号	夹具名称	切削液
031	机用虎钳	乳化液

工位器具编号	工位器具名称	工序工时 准终 0.5	单件 1

工步号	工步内容	工艺设备	主轴转速 r/min	切削速度 m/min	进给速度 mm/r	切削深度 mm	进给次数	工步工时 机动	辅助
11	以底面和侧面定位，铣上端平面保证厚度24.8至尺寸	数控铣床、机用虎钳、ø100面铣刀、卡尺	1500		0.15	0.1	2	0.1	0.1
12	以底面和侧面定位，铣山形凸台至尺寸	数控铣床、机用虎钳、ø8立铣刀、卡尺	2800		0.1	1.4	2	0.4	0.1
13	以底面和侧面定位，刻字至尺寸	数控铣床、机用虎钳、ø8刻字刀、卡尺	4000		0.05	0.5	1	0.2	0.1

	设计(日期)	审核(日期)	标准化(日期)	会签(日期)
描图				
描校				
底图号				
装订号				

标记	处数	更改文件号	签字	日期	标记	处数	更改文件号	签字	日期

千里江山镇尺

铣刀体图纸 + 工艺卡 + 工序卡

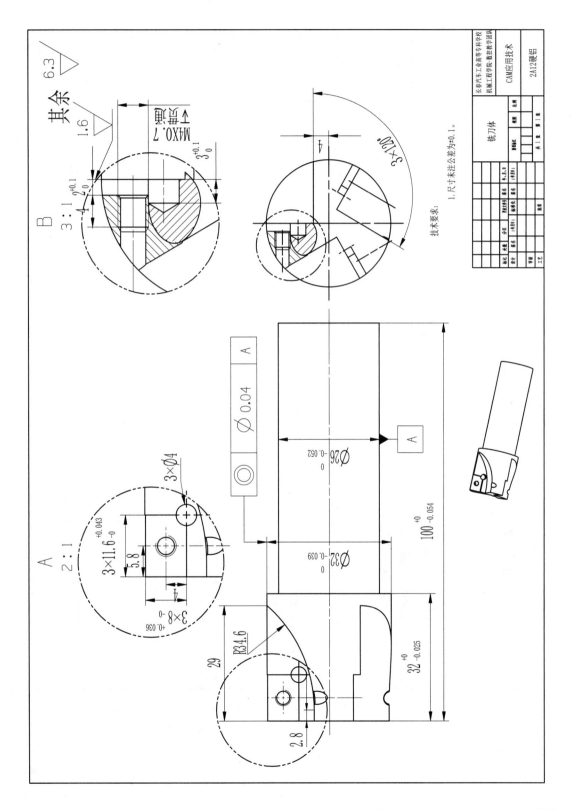

机械加工工艺过程卡片

材料牌号	2A12	毛坯种类	棒料	毛坯外形尺寸	⌀40×120	每毛坯可制件数	1	每台件数	1	备注	
						产品型号	D32R0.8	零件图号	ZC-07	总 4 页	第 1 页
						产品名称	三刃立铣刀	零件名称	铣刀体	共 4 页	第 1 页

工序号	工序名称	工序内容	车间	工段	设备	工艺装备	工时
							准终 / 单件
10	车全部	以毛坯外圆和左端面为基准,车削全部轮廓至尺寸	1	1	数控车床	自定心卡盘、粗车刀、精车刀、卡尺	
20	车总长	以⌀26外圆和⌀26左端面为基准,车总长至尺寸,打中心孔	1	1	数控车床	自定心卡盘、中心钻、粗车刀、精车刀、卡尺	
30	铣全部	以⌀26外圆和中心孔为基准,铣全部轮廓至尺寸	1	2	加工中心	数控装置,自定心卡盘、⌀6立铣刀、⌀3立铣刀、⌀4过渡刀、⌀4球头、⌀3球头、鼠标锥	

				设计(日期)	审核(日期)	标准化(日期)	会签(日期)
描 图							
描 校							
底图号							
装订号							
标记	处数	更改文件号	签字	日期	标记	处数	更改文件号	签字	日期

机械加工工序卡片

产品型号	D32R0.8	零件图号	ZC-07		总 4 页	第 2 页
产品名称	三刃立铣刀	零件名称	铣刀体		共 4 页	第 2 页

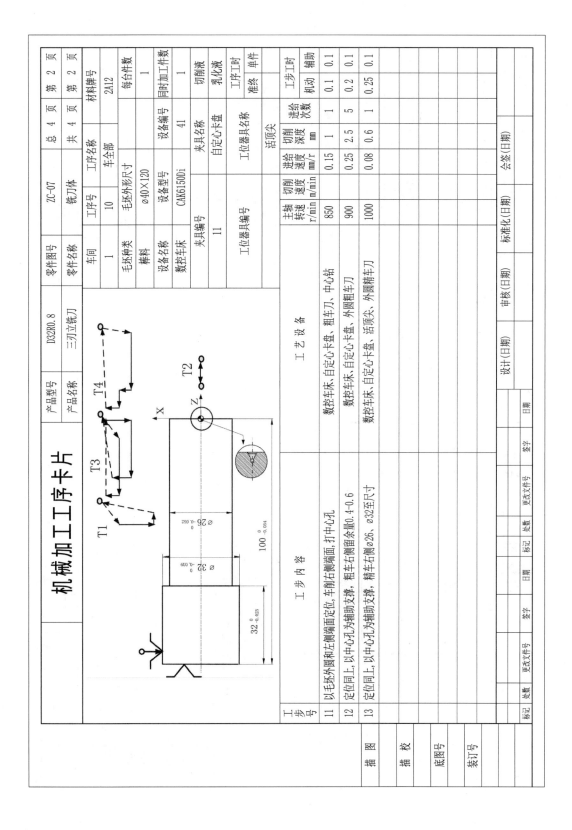

车间		工序号	工序名称	材料牌号
		10	车全部	2A12
毛坯种类	棒料	毛坯外形尺寸	⌀40×120	每台件数 1
设备名称	数控车床	设备型号	CAK6150Di	同时加工件数 1
设备编号		41		
夹具编号	11	夹具名称	自定心卡盘	切削液 乳化液
工位器具编号		工位器具名称	活顶尖	工序工时 准终 终 单件

工步号	工步内容	工艺设备	主轴转速 r/min	切削速度 m/min	进给速度 mm/r	切削深度 mm	进给次数	工步工时 机动	辅助
11	以毛坯外圆和左侧端面定位,车削右侧端面、打中心孔	数控车床、自定心卡盘、粗车刀、中心钻	850	1	0.15	1	1	0.1	0.1
12	定位同上,以中心孔为辅助支撑,粗车右侧留余量0.4~0.6	数控车床、自定心卡盘、外圆粗车刀	900	2.5	0.25	2.5	5	0.2	0.1
13	定位同上,以中心孔为辅助支撑,精车右侧⌀26,⌀32至尺寸	数控车床、自定心卡盘、活顶尖、外圆精车刀	1000	0.6	0.08	0.6	1	0.25	0.1

	设计(日期)	审核(日期)	标准化(日期)	会签(日期)
描图				
描校				
底图号				
装订号				
标记 处数 更改文件号 签字 日期	标记 处数 更改文件号 签字 日期			

机械加工工序卡片

产品型号		D32R0.8	零件图号	ZC-07		工序号	20		总 4 页	第 3 页
产品名称		三刃立铣刀	零件名称	铣刀体		工序名称	车总长		共 4 页	第 3 页

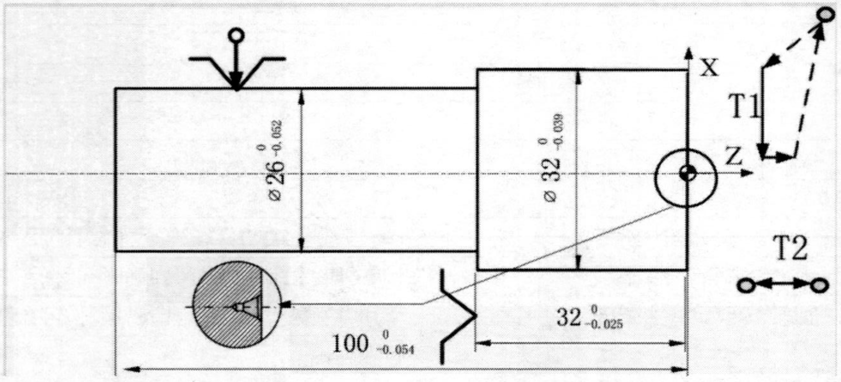

车间	1	毛坯种类	棒料	毛坯外形尺寸	φ40×120	每台件数	1	材料牌号	2A12
设备名称	数控车床	设备型号	CAK6150Di	设备编号	41	同时加工件数	1	切削液	乳化液
夹具编号	11	夹具名称	自定心卡盘			工序工时	准终 / 单件		
工位器具编号		工位器具名称							

工步号	工步内容	工艺设备	主轴转速 r/min	切削速度 m/min	进给速度 mm/r	切削深度 mm	进给次数	工步工时 机动	辅助
21	以φ26外圆和左侧端面定位，车削右侧端面保证总长	数控车床、自定心卡盘、粗车刀	800		0.15	1.5	12	0.2	0.1
22	以φ26外圆和左侧端面定位，打中心孔	数控车床、自定心卡盘、中心钻φ2.5	1100		0.1	3.5	1	0.1	0.1

	设计（日期）	审核（日期）	标准化（日期）	会签（日期）
描图				
描校				
底图号				
装订号				

标记	处数	更改文件号	签字	日期	标记	处数	更改文件号	签字	日期

图中尺寸标注：φ32 0/-0.039、φ26 0/-0.062、32 0/-0.025、100 0/-0.054；T1、T2、X、Z；D32R0.8 三刃立铣刀

机械加工工序卡片

	产品型号	D32R0.8	零件图号	ZC-07	第 4 页	第 4 页
	产品名称	三刃立铣刀	零件名称	铣刀体	总 4 页	共 4 页

车间	工序号	工序名称	材料牌号
1	30	铣全部	Cr12

毛坯种类	毛坯外形尺寸	每台件数
精毛坯	∅32×100	1

设备名称	设备型号	设备编号	同时加工件数
加工中心	VCM850F	31	1

夹具编号	夹具名称	切削液
41	自定心卡盘	乳化液

工位器具编号	工位器具名称	工序工时 准终	单件
	死顶尖		

工步号	工步内容	工艺设备	主轴转速 r/min	切削速度 m/min	进给速度 mm/r	切削深度 mm	进给次数	工步工时 机动	辅助
31	以∅26外圆和∅32左端面定位，刀槽粗加工余量0.3-0.5	加工中心、自定心卡盘、死顶尖、∅6立铣刀、卡尺	3000		0.33	0.8	20	2	0.1
32	以∅26外圆和∅32左端面定位，钻刀片避空孔	加工中心、自定心卡盘、死顶尖、∅4麻花钻、卡尺	800		0.04	2.5	1	0.1	0.1
33	以∅26外圆和∅32左端面定位，精铣刀槽底面至尺寸	加工中心、自定心卡盘、死顶尖、∅6立铣刀、千分尺	6000		0.16	0.3	1	0.5	0.1
34	以∅26外圆和∅32左端面定位，精铣刀片槽底面至尺寸	加工中心、自定心卡盘、死顶尖、∅3立铣刀、千分尺	7000		0.08	0.3	1	0.8	0.1
35	以∅26外圆和∅32左端面定位，钻刀片螺纹底孔	加工中心、自定心卡盘、死顶尖、∅3.3麻花钻、卡尺	800		0.04	1.65	1	0.1	0.1
36	以∅26外圆和∅32左端面定位，攻刀片螺纹	加工中心、自定心卡盘、死顶尖、M4丝锥、螺纹塞规	100		0.7	0.35	1	0.1	0.1

	设计（日期）	审核（日期）	标准化（日期）	会签（日期）

标记	处数	更改文件号	签字	日期	标记	处数	更改文件号	签字	日期

描图
描校
底图号
装订号

飞机模型图纸 + 工艺卡 + 工序卡

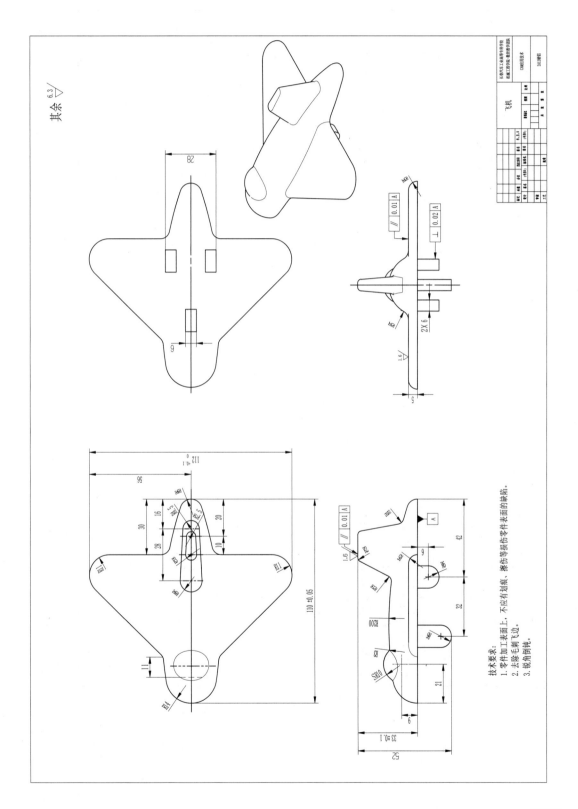

机械加工工艺过程卡片

		产品型号	ZC-05	零件图号	ZC-CN-05	第 1 页
		产品名称	飞机模型	零件名称	飞机模型	总 5 页 第 1 页 共 2 页

材料牌号	毛坯种类	毛坯外形尺寸	每毛坯可制件数	每台件数	备注
2A12	块料	110×112×52	1	1	

工序号	工序名称	工序内容	车间	工段	设备	工艺装备	工时 准终	工时 单件
01	粗铣面	以底面与侧面定位，粗铣底面和起落架轮廓留余量0.2-0.4	1	1	加工中心	机用虎钳、ø8和ø16立铣刀、游标卡尺	0.15	0.25
02	精铣面	以底面与侧面定位，精铣轮廓表面至尺寸，加工定位销孔和安装螺纹孔	1	1	加工中心	机用虎钳、ø16立铣刀、ø3.8和ø5麻花钻、ø6收刀、ø4收刀、圆锥锥、游标卡尺	0.1	0.1
03	粗铣顶面	以销孔和底平面定位，机用虎钳装夹，粗铣轮廓留余量0.2-0.4	1	2	加工中心	机用虎钳、工艺板、ø16立铣刀、游标卡尺	0.1	0.5
04	精铣顶面	以销孔和底平面定位，机用虎钳装夹，精铣各表面至尺寸	1	2	加工中心	机用虎钳、工艺板、ø16立铣刀、ø6球头铣刀、游标卡尺	0.1	0.5

				设计（日期）	审核（日期）	标准化（日期）	会签（日期）
	描图						
	描校						
	底图号						
	装订号						
标记	处数	更改文件号	签字	日期	标记	处数	更改文件号	签字	日期

机械加工工序卡片

产品型号	ZC-05	零件图号	ZC-CN-05		总 5 页	第 2 页
产品名称	飞机模型	零件名称	飞机模型		共 2 页	第 2 页

车间	1	工序号	1	工序名称	粗铣正面（A面）	材料牌号	2A12
毛坯种类	块料	毛坯外形尺寸	110×112×52			每台件数	1
设备名称		设备型号	VMC850F	设备编号	31	同时加工件数	1
加工中心		夹具编号		夹具名称	机用虎钳	切削液	
工位器具编号		工位器具名称				工序工时 准终 终	

工步号	工步内容	工艺设备	主轴转速 r/min	切削速度 m/min	进给速度 mm/r	切削深度 mm	进给次数	工步工时 机动 辅助
11	以毛坯侧面与底面定位，粗铣正面去除外环余量留0.2-0.4	加工中心、机用虎钳、∅16立铣刀	2500	0.6	0.12			0.1 0.2
12	以毛坯侧面与底面定位，粗铣正面，去起落架余量留0.2-0.4	加工中心、机用虎钳、∅8立铣刀	4000	0.4	0.2			0.03 0.03

设计(日期)	审核(日期)	标准化(日期)	会签(日期)

标记	处数	更改文件号	签字	日期	标记	处数	更改文件号	签字	日期

机械加工工序卡片

产品型号	ZC-05	零件图号	ZC-CN-05		共 5 页	第 3 页
产品名称	飞机模型	零件名称	飞机模型		总 5 页	第 1 页

车间	工序号	工序名称			材料牌号	2A12
1	1	精铣正面（A面）				
毛坯种类	毛坯外形尺寸				每台件数	1
块料	110×112×52					
设备名称	设备型号	设备编号			同时加工件数	1
加工中心	VMC850F	31				
夹具编号		夹具名称			切削液	
		机用虎钳				
工位器具编号		工位器具名称			工序工时	
		工艺板			准终	单件

工步号	工步内容	工艺设备	主轴转速 r/min	切削速度 m/min	进给速度 mm/r	切削深度 mm	进给次数	工步工时 机动	工步工时 辅助
21	以毛坯侧面与底面定位，精铣正面（A面）底面至尺寸	加工中心、机用虎钳、ø8立铣刀	2500	0.1	0.6			0.05	0.1
22	以毛坯侧面与底面定位，钻销孔和螺纹孔底孔	加工中心、机用虎钳、ø5麻花钻	2300	0.13	2.5			0.03	0.03
23	以毛坯侧面与底面定位，扩销孔	加工中心、机用虎钳、ø3.8麻花钻	2800	0.14	2.9			0.03	0.03
24	以毛坯侧面与底面定位，攻丝	加工中心、机用虎钳、M6丝锥	100	1	1				0.03
25	以毛坯侧面与底面定位，铰销孔	加工中心、机用虎钳、ø4铰刀	1600	0.2	0.1				0.03

		设计（日期）	审核（日期）	标准化（日期）	会签（日期）
描图					
描校					
底图号					
装订号					

标记	处数	更改文件号	签字	日期	标记	处数	更改文件号	签字	日期

机械加工工序卡片

产品型号	ZC-05	零件图号	ZC-CN-05		总 5 页	第 4 页
产品名称	飞机模型	零件名称	飞机模型		共 1 页	第 1 页

车间	工序号	工序名称		材料牌号
1	3	粗铣轮廓（B面）		2A12

毛坯种类	毛坯外形尺寸		每台件数
块料	110×112×52		1

设备名称	设备型号	设备编号	同时加工件数
加工中心	VMC850F	31	1

夹具编号	夹具名称		切削液
	机用虎钳		

工位器具编号	工位器具名称	工序工时
	工艺板	准终 / 单件

工步号	工步内容	工艺设备	主轴转速 r/min	切削速度 m/min	进给速度 mm/r	切削深度 mm	进给次数	工步工时 机动	辅助
31	以销孔与底面定位，粗铣背面（B面）留余量0.2~0.4	加工中心、工艺板、∅8立铣刀	2500		0.12	0.6		0.3	0.1
32	以销孔与底面定位，二次粗加工尾翼，机翼留余量0.2~0.4	加工中心、工艺板、∅8立铣刀	2500		0.1	0.3		0.2	

设计（日期）	审核（日期）	标准化（日期）	会签（日期）

标记	处数	更改文件号	签字	日期	标记	处数	更改文件号	签字	日期

描图	
描校	
底图号	
装订号	

机械加工工序卡片

产品型号	ZC-05	零件图号	ZC-CN-05	共 5 页	第 5 页
产品名称	飞机模型	零件名称	飞机模型	总 5 页	第 1 页

车间	工序号	工序名称	材料牌号
1	4	精铣背面（B面）	2A12

毛坯种类	毛坯外形尺寸	每台件数
块料	110×112×52	1

设备名称	设备型号	设备编号	同时加工件数
加工中心	VMC850F	31	1

夹具编号	夹具名称	切削液

工位器具编号	工位器具名称	工序工时 准终	单件
	工艺板		

工步号	工步内容	工艺设备	主轴转速 r/min	切削速度 m/min	进给速度 mm/r	切削深度 mm	进给次数	工步工时 机动	辅助
41	以销孔与底面定位，精铣（B面）各曲面及清角至尺寸	加工中心、工艺板、ø6球头铣刀	3500		0.17	0.3		0.1	0.1
42	以销孔与底面定位，精铣（B面）机翼上表面尺寸	加工中心、工艺板、ø8立铣刀	2800		0.08	0.3		0.1	0.1

设计（日期）	审核（日期）	标准化（日期）	会签（日期）

描图			标记	处数	更改文件号	签字	日期
描校			标记	处数	更改文件号	签字	日期
底图号							
装订号							

蛋挞托凹模图纸 ＋ 工艺卡 ＋ 工序卡

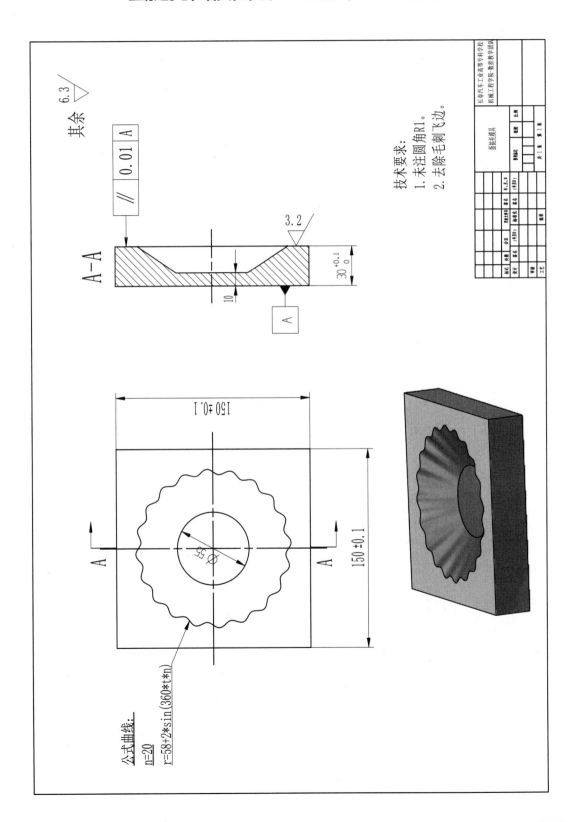

机械加工工艺过程卡片		产品型号		零件图号		总 2 页	第 1 页
		产品名称		零件名称	1	共 2 页	第 1 页

材料牌号	2A12	毛坯种类	方料	毛坯外形尺寸	150×150×30	每毛坯可制件数	1	每台件数	1	备注	

工序号	工序名称	工序内容	车间	工段	设备	工艺装备	工时	
							准终	单件
1	铣轮廓	粗、精铣型腔轮廓至尺寸	1	1	加工中心 VMC850F，利用虎钳、 ∅16R2立铣刀、∅8球头铣刀、卡尺		2.7	0.5

	设计(日期)	审核(日期)	标准化(日期)	会签(日期)
描图				
描校				
底图号				
装订号				

标记	处数	更改文件号	签字	日期	标记	处数	更改文件号	签字	日期

机械加工工序卡片

	产品型号		零件图号		蛋挞托凹模			共 2 页	第 2 页
	产品名称	蛋挞托凹模	零件名称		蛋挞托凹模			总 2 页	第 2 页

车间	工序号	工序名称	材料牌号
1	1	铣轮廓	2A12

毛坯种类	毛坯外形尺寸	每台件数
方料	150×150×30	1

设备名称	设备型号	设备编号	同时加工件数
加工中心	VMC850F		1

夹具编号	夹具名称	切削液
21	机用虎钳	乳化液

工位器具编号	工位器具名称	工序工时	
		准终	单件

工步号	工步内容	工艺设备	主轴转速 r/min	切削速度 m/min	进给速度 mm/r	切削深度 mm	进给次数	工步工时	
								机动	辅助
11	以底面和侧面定位，用ø16R2立铣刀粗铣型腔留余量0.3~0.5	加工中心、机用虎钳、ø16R2立铣刀、卡尺	2500	0.8	0.30	0.8	25	0.8	0.1
12	以底面和侧面定位，用ø8球头铣刀粗铣型腔残料余量0.3~0.5	加工中心、机用虎钳、ø8球头铣刀、卡尺	3000	0.5	0.15	0.5	40	0.4	0.1
13	以底面和侧面定位，用ø16R2立铣刀精铣型腔底面至尺寸	加工中心、机用虎钳、ø16R2立铣刀、卡尺	2500	0.4	0.1	0.4	1	0.1	0.05
14	以底面和侧面定位，用ø8球头铣刀精铣侧面至尺寸	加工中心、机用虎钳、ø8球头铣刀、卡尺	3500	0.4	0.08	0.4	1	1.1	0.05

	设计(日期)	审核(日期)	标准化(日期)	会签(日期)
描图				
描校				
底图号				
装订号				

标记	处数	更改文件号	签字	日期	标记	处数	更改文件号	签字	日期

砚台图纸 ＋ 工艺卡 ＋ 工序卡

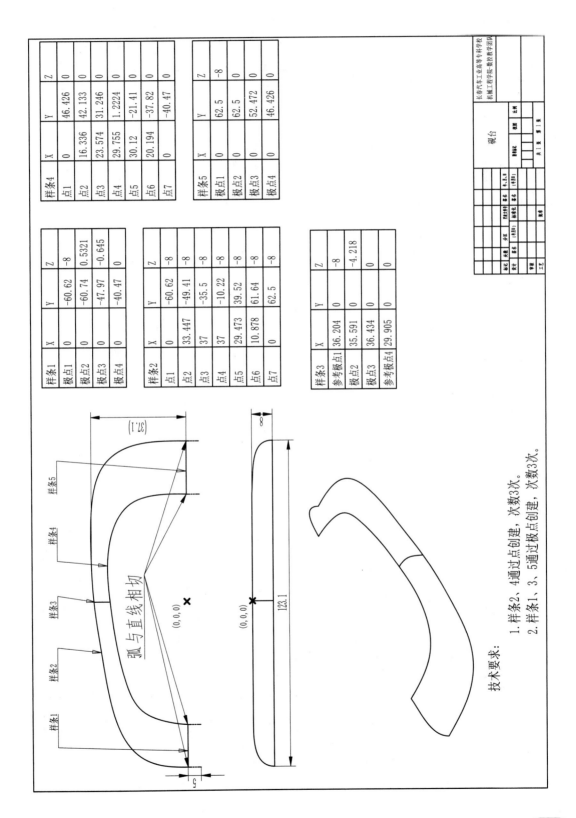

样条1	X	Y	Z
极点1	0	-60.62	-8
极点2	0	-60.74	0.5321
极点3	0	-47.97	-0.645
极点4	0	-40.47	0

样条2	X	Y	Z
点1	0	-60.62	-8
点2	33.447	-49.41	-8
点3	37	-35.5	-8
点4	37	-10.22	-8
点5	29.473	39.52	-8
点6	10.878	61.64	-8
点7	0	62.5	-8

样条3	X	Y	Z
参考极点1	36.204	0	-8
极点2	35.591	0	-4.218
极点3	36.434	0	0
参考极点4	29.905	0	0

样条4	X	Y	Z
点1	0	46.426	0
点2	16.336	42.133	0
点3	23.574	31.246	0
点4	29.755	1.2224	0
点5	30.12	-21.41	0
点6	20.194	-37.82	0
点7	0	-40.47	0

样条5	X	Y	Z
极点1	0	62.5	-8
极点2	0	62.5	0
极点3	0	52.472	0
极点4	0	46.426	0

长春汽车工业高等专科学校
机械工程学院数控教学团队

砚台		

技术要求:
1. 样条2、4通过点创建, 次数3次。
2. 样条1、3、5通过极点创建, 次数3次。

弧与直线相切

(0,0,0)

(0,0,0)

样条1 样条2 样条3 样条4 样条5

(37.1)

123.1

8

5

21

机械加工工艺过程卡片

	产品型号		零件图号	1		总 3 页	第 1 页
	产品名称		零件名称	1		共 3 页	第 1 页

材料牌号	2A12	毛坯种类	方料	毛坯外形尺寸	125×77×20	每毛坯可制件数	1	每台件数		备注	

工序号	工序名称	工序内容	车间	工段	设备	工艺装备	工时 准终	工时 单件
1	铣底面	以顶面和侧面定位，铣平面，加工定位装夹孔至尺寸	1	1	加工中心	VMC850F，机用虎钳，∅80面铣刀，钻头，铰刀，卡尺	0.5	0.7
2	铣轮廓	以底面和两销孔定位，铣所有轮廓至尺寸	1	1	加工中心	VMC850F，工艺板，∅20R2圆角立铣刀，∅10立铣刀，∅8、∅4球头铣刀，卡尺	4.1	2

					设计（日期）	审核（日期）	标准化（日期）	会签（日期）
描图								
描校								
底图号								
装订号	标记	处数	更改文件号	签字	日期	标记 处数 更改文件号 签字 日期		

机械加工工序卡片

产品型号		零件图号			砚台				总 3 页	第 2 页
产品名称		零件名称			砚台				共 3 页	第 2 页

车间	工序号	工序名称		材料牌号 2A12
1	1	铣平面加工定位孔		

毛坯种类	毛坯外形尺寸	每台件数
方料	125×77×20	

设备名称	设备型号	设备编号	同时加工件数
加工中心	VMC850F		1

夹具编号	夹具名称
21	机用虎钳

工位器具编号	工位器具名称

T3

T4

T1

T2

18
123
77.4

工步号	工步内容	工艺设备	主轴转速 r/min	切削速度 m/min	进给速度 mm/r	切削深度 mm	进给次数	工步工时 机动	工步工时 辅助
11	以面铣刀铣削上表面保证Ra1.6	加工中心、机用虎钳、ø80面铣刀	1500	0.15	0.5	2	0.1	0.02
12	以T1麻花钻钻削螺纹底孔至5.1	加工中心、机用虎钳、ø5高速钢麻花钻、卡尺	1200	0.1	2.5	4	0.1	0.01
13	使用机用丝锥攻2攻丝	加工中心、机用虎钳、M6高速钢丝锥、螺纹塞规	350	1	1	1	0.2	0.02
14	以麻花钻钻T3定位销孔底孔留余量0.1~0.2	加工中心、机用虎钳、ø3.8高速钢麻花钻、卡尺	1400	0.08	1.9	4	0.05	0.01
15	以铰刀T4铰定位销孔	加工中心、机用虎钳、ø4高速钢铰刀、卡尺	600	0.4	0.2	1	0.05	0.02
16	以倒角钻钻倒角	加工中心、机用虎钳、ø8硬质合金倒角钻、卡尺	2000	0.1	1	1	0.1	0.02

切削液	乳化液
孔削液	乳化液

工序工时	准终 0.5	单件 0.7

设计(日期)	审核(日期)	标准化(日期)	会签(日期)

标记	处数	更改文件号	签字	日期	标记	处数	更改文件号	签字	日期

描图

描校

底图号

装订号

机械加工工序卡片

产品型号		零件图号	
产品名称		零件名称	

总 3 页	第 3 页
共 3 页	第 3 页

材料牌号	2A12

车间	1	工序号	2	工序名称	铣轮廓
毛坯种类	方料	毛坯外形尺寸	125×77×20	每台件数	
设备名称	加工中心	设备型号	VMC850F	设备编号		同时加工件数	1
夹具编号	1z	夹具名称	工艺板	切削液	乳化液
工位器具编号		工位器具名称			

工序工时	准终	单件
	4.1	2

工步号	工步内容	工艺设备	主轴转速 r/min	切削速度 m/min	进给速度 mm/r	切削深度 mm	进给次数	工步工时 机动	辅助
21	以圆角立铣刀T1粗铣轮廓留余量0.3-0.4	加工中心、工艺板、φ20R2圆角立铣刀、卡尺	1500	0.2	1	1	1	1.2	0.02
22	以立铣刀T2对型腔底面进行二次粗加工留余量0.3-0.4	加工中心、工艺板、φ10立铣刀、卡尺	2000	0.2	2	2	3	0.3	0.02
23	立铣刀T3精铣外轮廓面与型腔底面至尺寸	加工中心、工艺板、φ10立铣刀、卡尺	2200	0.08	0.4	0.4	0.4	0.5	0.04
24	球铣刀T4精铣凸缘曲面至尺寸	加工中心、工艺板、φ8球头铣刀、卡尺、深度卡尺	3000	0.08	0.4	0.4	0.4	1	0.04
25	以球铣刀T5加工凹台侧壁至尺寸	加工中心、工艺板、φ4球头铣刀、卡尺	4500	0.08	0.4	0.4	0.4	0.8	0.04
26	以球铣刀T6完成加工刻线至尺寸	加工中心、工艺板、φ2球头铣刀、卡尺	5000	0.05	0.5	0.5	1	0.1	0.04

	设计（日期）	审核（日期）	标准化（日期）	会签（日期）
描图				
描校				
底图号				
装订号				

标记	处数	更改文件号	签字	日期	标记	处数	更改文件号	签字	日期

T1　T2　T3　T4　T5　T6

笔架山图纸＋工艺卡＋工序卡

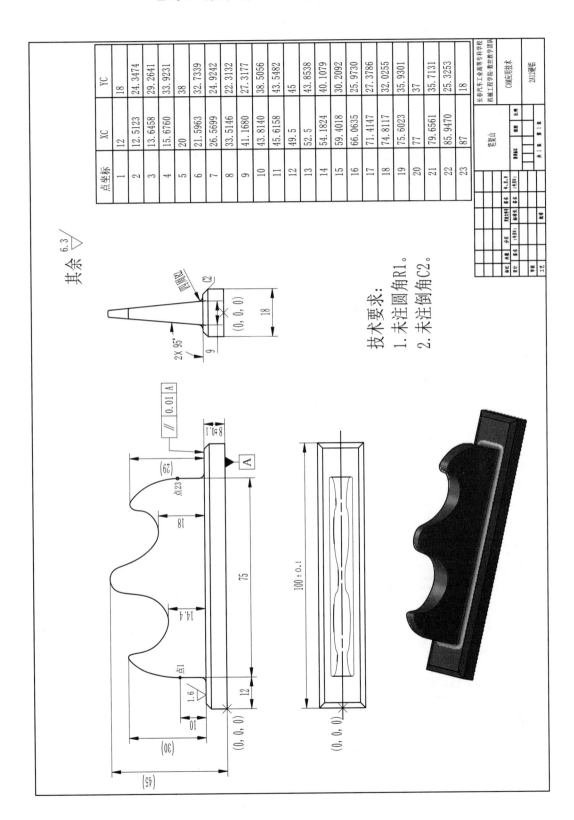

技术要求:
1. 未注圆角R1。
2. 未注倒角C2。

点坐标	XC	YC
1	12	18
2	12.5123	24.3474
3	13.6458	29.2641
4	15.6760	33.9231
5	20	38
6	21.5963	32.7339
7	26.5699	24.9242
8	33.5146	22.3132
9	41.1680	27.3177
10	43.8140	38.5056
11	45.6158	43.5482
12	49.5	45
13	52.5	43.8538
14	54.1824	40.1079
15	59.4018	30.2092
16	66.0635	25.9730
17	71.4147	27.3786
18	74.8117	32.0255
19	75.6023	35.9301
20	77	37
21	79.6561	35.7131
22	85.9470	25.3253
23	87	18

其余 6.3

机械加工工艺过程卡片	产品型号		CH-02	零件图号	CH-02	总 3 页	第 1 页
	产品名称		笔架山	零件名称	笔架山	共 3 页	第 1 页

材料牌号	2A12	毛坯种类	方料	毛坯外形尺寸	100×18×45	每毛坯可制件数	1	每台件数	1	备注	

工序号	工序名称	工序内容	车间	工段	设备	工艺装备	工时	
							准终	单件
1	粗铣（粗加工）	以底面侧面为基准定位，粗铣全部轮廓至尺寸	1	1	加工中心 VMC850F，机用虎钳、面铣刀、立铣刀、球头铣刀、游标卡尺		0.6	1.5
2	精铣	以底面侧面为基准定位，精铣全部轮廓至尺寸	1	2	加工中心 VMC850F，机用虎钳、面铣刀、立铣刀、球头铣刀、游标卡尺		0.4	2

					设计（日期）	审核（日期）	标准化（日期）	会签（日期）

标记	处数	更改文件号	签字	日期	标记	处数	更改文件号	签字	日期

描图　描校　底图号　装订号

机械加工工序卡片

	产品型号	CH-02	零件图号	CH-02		总 3 页	第 2 页
	产品名称	笔架山	零件名称	笔架山		共 3 页	第 2 页

车间	工序号	工序名称	材料牌号
1	1	粗铣轮廓	2A12

毛坯种类	毛坯外形尺寸	每台件数
方料	100×18×45	1

设备名称	设备型号	设备编号	同时加工件数
加工中心	VMC850F	31	1

夹具编号	夹具名称	切削液
31	机用虎钳	乳化液

工位器具编号	工位器具名称	工序工时 准终	单件
		1.5	0.6

工步号	工步内容	工艺设备	主轴转速 r/min	切削速度 m/min	进给速度 mm/r	切削深度 mm	进给次数	工步工时 机动	辅助
11	以底面和侧面定位，用立铣刀T1粗铣笔架山形轮廓留余量0.2-0.4	加工中心，机用虎钳，ø16R0.8立铣刀，卡尺	1000		0.25	1.5	28	0.8	0.1
12	以底面和侧面定位，用立铣刀T2二次粗铣笔架山形轮廓留余量0.2-0.4	加工中心，机用虎钳，ø6立铣刀，卡尺	2800		0.125	0.5	35	0.5	0.1

T1　T2

	设计（日期）	审核（日期）	标准化（日期）	会签（日期）
标记	处数	更改文件号	签字	日期
标记	处数	更改文件号	签字	日期

描图　描校　底图号　装订号

机械加工工序卡片

产品型号	CH-02	零件图号	CH-02		页 第 3 页
产品名称	笔架山	零件名称	笔架山		共 3 页 第 3 页

		车间	工序号	工序名称	材料牌号
		1	2	精铣轮廓	2A12
		毛坯种类	毛坯外形尺寸		每台件数 1
		方料	100×18×45		
		设备名称	设备型号	设备编号	同时加工件数 1
		加工中心	VMC850F	31	
		夹具编号		夹具名称	切削液
		31		机用虎钳	乳化液
		工位器具编号		工位器具名称	工序工时 准终 2 单件 0.4

工步号	工步内容	工艺设备	主轴转速 r/min	切削速度 m/min	进给速度 mm/r	切削深度 mm	进给次数	工步工时 机动	辅助
21	以底面和侧面定位，用球铣刀T1精铣底座上表面至尺寸	加工中心，机用虎钳，∅16立铣刀，卡尺	1400		0.1	0.2	2	0.4	0.1
22	以底面和侧面定位，用球铣刀T3精铣各处轮廓至尺寸	加工中心，机用虎钳，∅6R3球头铣刀，卡尺	2800		0.05	0.2	2	1.4	0.1

				设计(日期)	审核(日期)	标准化(日期)	会签(日期)
描图							
描校							
底图号							
装订号							
	标记	处数	更改文件号	签字	日期	标记 处数 更改文件号 签字 日期	

桶凳凹模图纸 + 工艺卡 + 工序卡

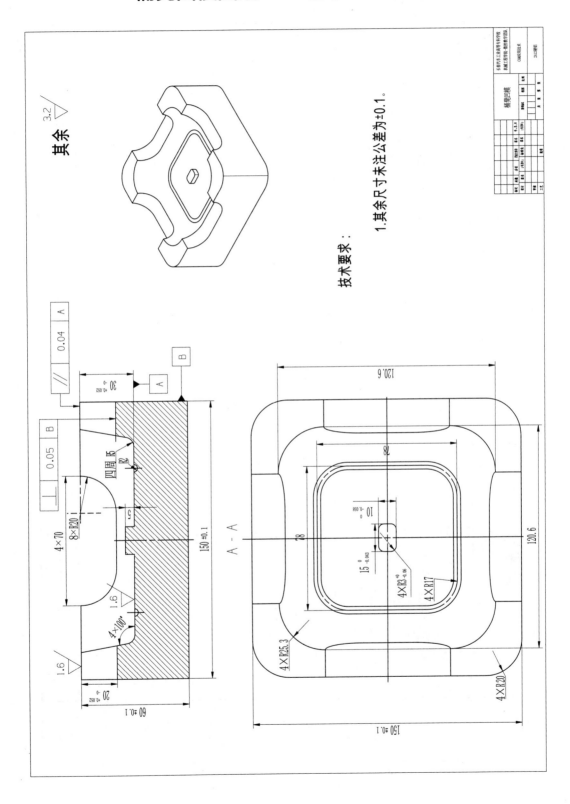

机械加工工艺过程卡片		产品型号		ZC-06		零件图号		ZC-CN-06		总 4 页	第 1 页	
		产品名称		桶凳凹模		零件名称		桶凳凹模		共 4 页	第 1 页	
材料牌号	2A12	毛坯种类	方料	毛坯外形尺寸	150×150×65		每毛坯可制件数	1	每台件数	1	备注	
工序号	工序名称		工 序 内 容			车间	工段	设备	工艺装备			工时	
											准终	单件
1	铣外廓	以顶面与侧面定位，铣底面和外轮廓至尺寸				1	1	加工中心	VCM850F，机用虎钳，垫铁，面铣刀，立铣刀，卡尺				
2	铣型腔	以底面与侧面定位，粗精铣型腔至尺寸				1	2	加工中心	VCM850F，机用虎钳，垫铁，面铣刀，圆鼻铣刀，球头铣刀，卡尺				
									设计（日期）	审核（日期）	标准化（日期）	会签（日期）

标记	处数	更改文件号	签字	日期	标记	处数	更改文件号	签字	日期

描 图

描 校

底图号

装订号

机械加工工序卡片

产品型号	ZC-06	零件图号	ZC-CN-06	第 2 页	共 4 页	总 4 页	第 2 页
产品名称	桶凳凹模	零件名称	桶凳凹模				

车间	1	工序号	1	工序名称	铣外廓	材料牌号	2A12
毛坯种类	方料	毛坯外形尺寸	150×150×65			每台件数	1
设备名称	加工中心	设备型号	VMC850F	设备编号	31	同时加工件数	1
加工中心		夹具编号	31	夹具名称	机用虎钳	切削液	乳化液
		工位器具编号		工位器具名称		工序工时 准终	0.9
						工序工时 单件	0.5

工步号	工步内容	工艺设备	主轴转速 r/min	切削速度 m/min	进给速度 mm/r	切削深度 mm	进给次数	工步工时 机动	工步工时 辅助
11	以顶面和侧面定位，以面铣刀T1铣削底面保证Ra1.6	加工中心、机用虎钳、φ80面铣刀	1500	0.15	0.5	2		0.1	0.2
12	以顶面和侧面定位，以立铣刀T2完成外轮廓粗加工留余量0.2~0.4	加工中心、机用虎钳、φ20立铣刀、R规	1700	0.2	5	16		0.3	0.1
13	以顶面和侧面定位，以立铣刀T3完成外轮廓加工至尺寸	加工中心、机用虎钳、φ16整体式立铣刀、R规	2000	0.1	40	2		0.1	0.1

			设计(日期)	审核(日期)	标准化(日期)	会签(日期)
描图						
描校						
底图号						
装订号						
标记	处数	更改文件号	签字	日期	标记 处数 更改文件号	签字 日期

机械加工工序卡片

	产品型号	ZC-06	零件图号	ZC-CN-06	共 4 页 第 3 页
	产品名称	桶凳凹模	零件名称	桶凳凹模	总 4 页 第 3 页

车间	工序号	工序名称	设备编号	材料牌号
1	2	铣型腔	31	2A12

毛坯种类	毛坯外形尺寸	每台件数
方料	150×150×65	1

设备名称	设备型号	同时加工件数
加工中心	VMC850F	1

夹具编号	夹具名称	切削液
31	机用虎钳	乳化液

工位器具编号	工位器具名称	工序工时
		准终 7.3 单件 2.5

工步号	工步内容	工艺设备	主轴转速 r/min	切削速度 m/min	进给速度 mm/r	切削深度 mm	进给次数	工步工时 机动	工步工时 辅助
21	以底面和侧面为基准，用铣刀T1铣上表面至尺寸	加工中心、机用虎钳，ø80面铣刀、卡尺	1500	0.15	0.5	6	0.2	0.1	
22	以底面和侧面为基准，用圆鼻铣刀T2粗铣十字槽留余量0.2-0.4	加工中心、机用虎钳，ø25R6圆鼻铣刀、卡尺	1600	0.25	1.2	15	1.5	0.1	
23	以底面和侧面为基准，用圆鼻铣刀T3粗铣主型腔留余量0.2-0.4	加工中心、机用虎钳，ø20R5圆鼻铣刀、卡尺	2000	0.2	1	30	1.8	0.1	
24	以底面和侧面为基准，用球头铣刀T4粗铣沟槽留余量0.2-0.4	加工中心、机用虎钳，ø3球头铣刀、R规	4000	0.1	0.1	20	0.5	0.1	
25	以底面和侧面为基准，用圆鼻铣刀T2精铣十字槽至尺寸	加工中心、机用虎钳，ø25R6圆鼻铣刀、卡尺	2300	0.25	0.2	1	1.5	0.1	
26	以底面和侧面为基准，用球头铣刀T5精铣根至尺寸	加工中心、机用虎钳，ø8球头铣刀、卡尺	2300	0.04	0.4	1	0.3	0.1	
27	以底面和侧面为基准，用立铣刀T6精铣型腔型壁测量至尺寸	加工中心、机用虎钳，ø16立铣刀、卡尺	2000	0.025	0.2	1	1.2	0.1	
28	以底面和侧面为基准，用立铣刀T7精铣型腔型壁测量至尺寸	加工中心、机用虎钳，ø16立铣刀、卡尺	1600	0.05	0.4	1	0.2	0.1	
29	以底面和侧面为基准，用球头铣刀T4精铣环形槽至尺寸	加工中心、机用虎钳，ø3球头铣刀、R规	4000	0.05	0.4	1	0.2	0.1	

设计(日期)	审核(日期)	标准化(日期)	会签(日期)

标记	处数	更改文件号	签字	日期	标记	处数	更改文件号	签字	日期

描图
描校
底图号
装订号

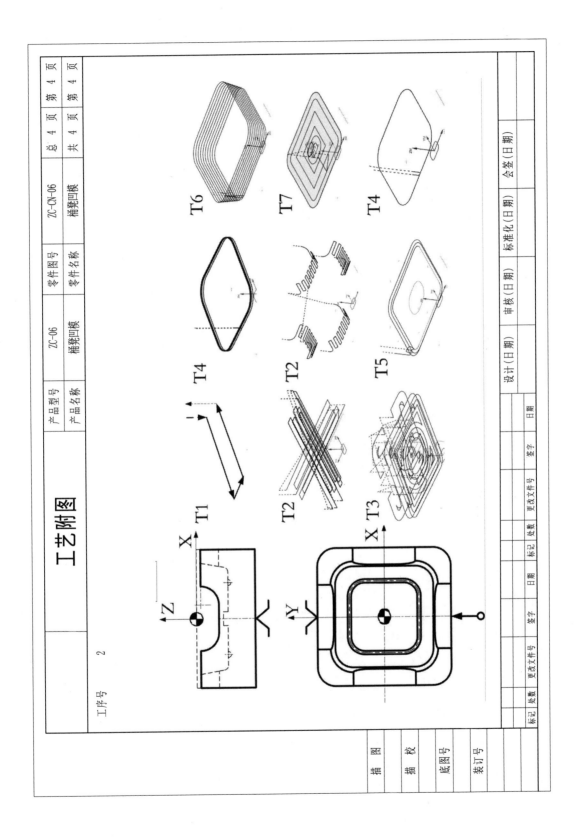

口罩辊切模图纸 ＋ 工艺卡 ＋ 工序卡

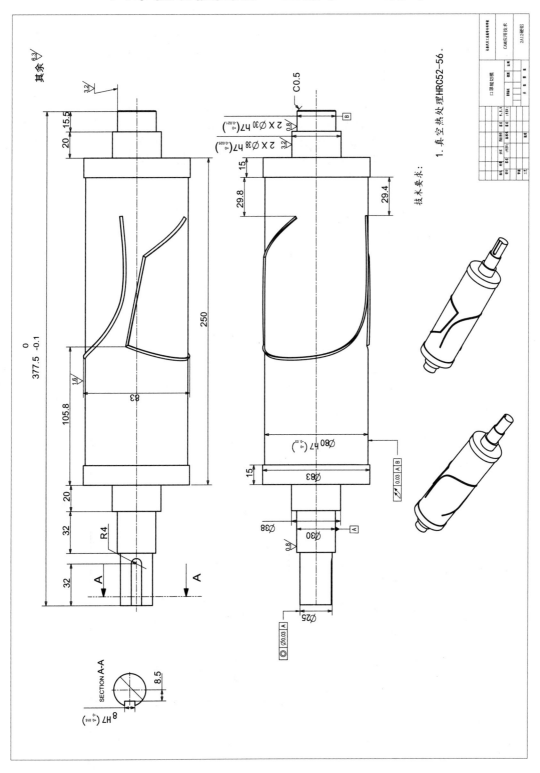

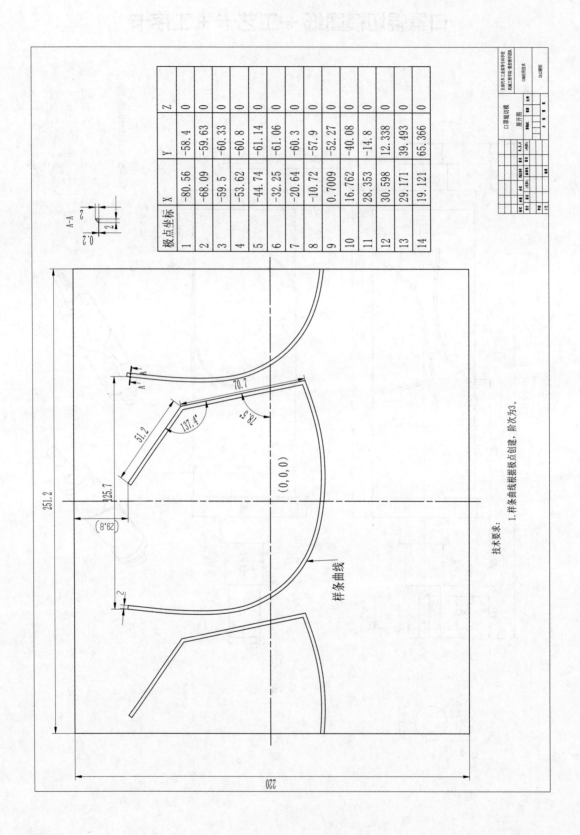

极点坐标	X	Y	Z
1	-80.56	-58.4	0
2	-68.09	-59.63	0
3	-59.5	-60.33	0
4	-53.62	-60.8	0
5	-44.74	-61.14	0
6	-32.25	-61.06	0
7	-20.64	-60.3	0
8	-10.72	-57.9	0
9	0.7009	-52.27	0
10	16.762	-40.08	0
11	28.353	-14.8	0
12	30.598	12.338	0
13	29.171	39.493	0
14	19.121	65.366	0

技术要求:

1. 样条曲线根据极点创建, 阶次为3。

机械加工工艺过程卡片

	产品型号	KN95-CN	零件图号	ZC-06	总 4 页	第 1 页
	产品名称	KN95口罩模具	零件名称	KN95口罩辊切模	共 4 页	第 1 页

材料牌号	毛坯种类	毛坯外形尺寸	每毛坯可制件数	每台件数	备注
Cr12	棒料	⌀90×390	1	1	

工序号	工序名称	工序内容	车间	工段	设备	工艺装备	工时(准终/单件)
10	车右端	以毛坯外圆和左端面为基准,车削右侧轮廓至尺寸	1	1	数控车床	自定心卡盘、粗车刀、精车刀、卡尺	
20	车左端	以⌀38外圆和⌀83左端面为基准,车削剩余侧轮廓至尺寸	1	1	数控车床	自定心卡盘、中心钻、粗车刀、精车刀、卡尺	
30	铣全部	以⌀38外圆和右侧中心孔为基准,铣全部轮廓至尺寸	1	2	加工中心	数控盘、自定心卡盘、⌀8立铣刀、⌀6立铣刀、角度铣刀、量块	

			设计(日期)	审核(日期)	标准化(日期)	会签(日期)

描 图			标记	处数	更改文件号	签字	日期	标记	处数	更改文件号	签字	日期
描 校												
底图号												
装订号												

机械加工工序卡片

产品型号	KN95-CN	零件图号	ZC-06	总 4 页	第 2 页
产品名称	KN95口罩模具	零件名称	KN95口罩辊切模	共 4 页	第 2 页

车间	工序号	工序名称	材料牌号
1	10	车右端	Cr12

毛坯种类	毛坯外形尺寸	每台件数
棒料	⌀90×390	1

设备名称	设备型号	设备编号	同时加工件数
数控车床	CAK6150Di	41	1

夹具编号	夹具名称	切削液
11	自定心卡盘	乳化液

工位器具编号	工位器具名称	工序工时	
	活顶尖	准终	单件

工步号	工步内容	工艺设备	主轴转速 r/min	切削速度 m/min	进给速度 mm/r	切削深度 mm	进给次数	工步工时 机动	辅助
11	以毛坯外圆和左侧端面定位,车削右侧端面	数控车床、自定心卡盘、粗车刀	400		0.15	1	1	0.15	0.1
12	定位同上,以中心孔为辅助支撑,粗车右侧留余量0.4~0.6	数控车床、自定心卡盘、外圆粗车刀	380		0.25	2.5	13	0.25	0.1
13	定位同上,以中心孔为辅助支撑,精车右侧⌀30、⌀38、⌀83至尺寸	数控车床、自定心卡盘、活顶尖、外圆精车刀	450		0.08	0.6	1	0.2	0.1

		设计(日期)	审核(日期)	标准化(日期)	会签(日期)
描图					
描校					
底图号					
装订号	标记 处数 更改文件号 签字 日期	标记 处数 更改文件号 签字 日期			

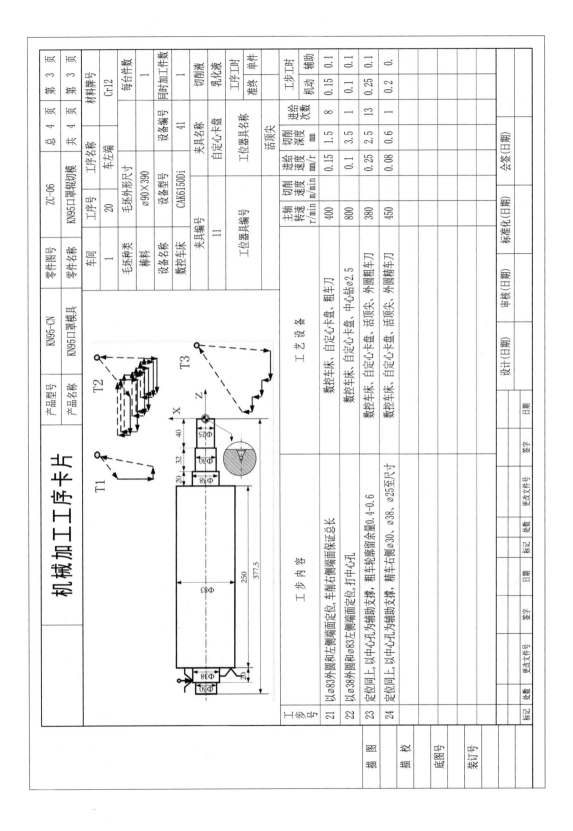

机械加工工序卡片

产品型号	KN95-CN	零件图号	ZC-06			总 4 页	第 3 页
产品名称	KN95口罩模具	零件名称	KN95口罩辊切模			共 4 页	第 3 页

车间	工序号	工序名称	材料牌号
1	20	车左端	Cr12

毛坯种类	毛坯外形尺寸	每台件数
棒料	⌀90×390	1

设备名称	设备型号	设备编号	同时加工件数
数控车床	CAK6150Di	41	1

夹具编号	夹具名称	切削液
11	自定心卡盘	乳化液

工位器具编号	工位器具名称	工序工时	
	活顶尖	准终	单件

工步号	工步内容	工艺设备	主轴转速 r/min	切削速度 m/min	进给速度 mm/r	切削深度 mm	进给次数	工步工时	
								机动	辅助
21	以⌀83外圆和左侧面定位,车削右端面保证总长	数控车床、自定心卡盘、粗车刀	400		0.15	1.5	8	0.15	0.1
22	以⌀38外圆和⌀83左侧面定位,打中心孔	数控车床、自定心卡盘、中心钻⌀2.5	800		0.1	3.5	1	0.1	0.1
23	定位同上,以中心孔为辅助支撑,粗车轮廓留余量0.4-0.6	数控车床、自定心卡盘、活顶尖、外圆粗车刀	380		0.25	2.5	13	0.25	0.1
24	定位同上,以中心孔为辅助支撑,精车右侧⌀30、⌀38、⌀25至尺寸	数控车床、自定心卡盘、活顶尖、外圆精车刀	450		0.08	0.6	1	0.2	0.

设计(日期)	审核(日期)	标准化(日期)	会签(日期)

描图						
描校	标记	处数	更改文件号	签字	日期	
底图号	标记	处数	更改文件号	签字	日期	
装订号						

机械加工工序卡片

	产品型号	KN95-CN	零件图号	ZC-06		总 4 页	第 4 页
	产品名称	KN95口罩模具	零件名称	KN95口罩辊切膜		共 4 页	第 4 页	材料牌号 Cr12

车间	工序号	工序名称		每台件数	4
1	30	铣全部		同时加工件数	1
毛坯种类	毛坯外形尺寸			设备编号	31
精毛坯	∅82×377.5			设备型号	VCM850F
设备名称		夹具编号	夹具名称	切削液	乳化液
加工中心		41	自定心卡盘		
		工位器具编号	工位器具名称	工序工时	准终 / 单件
			死顶尖		

工步号	工步内容	工艺设备	主轴转速 r/min	切削速度 m/min	进给速度 mm/r	切削深度 mm	进给次数	工步工时 机动	工步工时 辅助
31	以右端中心孔和左端∅38外圆定位，铣刀口避空面刃口余量0.3~0.5	加工中心、自定心卡盘、死顶尖、∅8立铣刀、卡尺	2500	0.2	1	2	0.4	4	
32	以右端中心孔和左端∅38外圆定位，铣键槽表面留余量0.2~0.4	加工中心、自定心卡盘、死顶尖、∅8立铣刀、卡尺	3000	0.16	1	5	0.1	0.5	
33	以右端中心孔和左端∅38外圆定位，精铣面刃口垂直侧面至尺寸	加工中心、自定心卡盘、死顶尖、∅6立铣刀、千分尺	3200	0.1	0.4	1	0.3	1	
34	以右端中心孔和左端∅38外圆定位，精铣面刃口角度侧面至尺寸	加工中心、自定心卡盘、死顶尖、∅6角度铣刀、千分尺	3200	0.1	0.4	1	0.3	1	
35	以右端中心孔和左端∅38外圆定位，精铣键槽至尺寸	加工中心、自定心卡盘、死顶尖、∅6立铣刀、检验量块、塞尺	3500	0.1	0.5	1	0.1	0.5	

	设计(日期)	审核(日期)	标准化(日期)	会签(日期)
描图				
描校				
底图号				
装订号				
标记 处数 更改文件号 签字 日期	标记 处数 更改文件号 签字 日期			